CONTRIBUTIONS A LA FAUNE MALACOLOGIQUE FRANÇAISE

VI

MONOGRAPHIE DES HÉLICES

DU GROUPE DE

L'HELIX HERIPENSIS

— MABILLE —

GROUPE DES HÉLICES DITES STRIÉES

PAR

ARNOULD LOCARD

LYON

IMPRIMERIE PITRAT AINÉ

4, RUE GENTIL, 4

1883

MONOGRAPHIE DES HÉLICES

DU GROUPE DE

L'HELIX HERIPENSIS

— MABILLE —

GROUPE DES HÉLICES DITES STRIÉES

Extrait des *Annales de la Société Linnéenne de Lyon*
tome XXX, année 1883

CONTRIBUTIONS A LA FAUNE MALACOLOGIQUE FRANÇAISE

VI

MONOGRAPHIE DES HÉLICES

DU GROUPE DE

L'HELIX HERIPENSIS

— MABILLE —

GROUPE DES HÉLICES DITES STRIÉES

PAR

ARNOULD LOCARD

LYON

IMPRIMERIE PITRAT AINÉ

4, RUE GENTIL, 4

—

1883

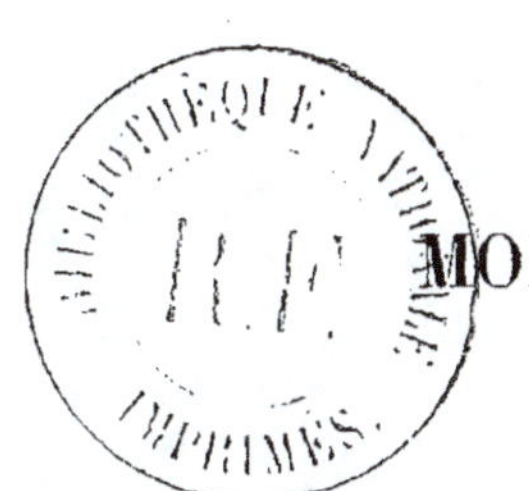

CONTRIBUTIONS A LA FAUNE MALACOLOGIQUE FRANÇAISE

VI

MONOGRAPHIE DES HÉLICES

DU GROUPE DE

L'HELIX HERIPENSIS

— MABILLE —

GROUPE DES HÉLICES DITES STRIÉES

Sous la dénomination d'*Hélices striées*, la plupart des auteurs qui se sont occupés de la malacologie française ont décrit un certain nombre d'espèces, tantôt plus ou moins affines dans leur allure, tantôt même très différentes dans leur galbe, mais dont le test était orné de stries ou costulations longitudinales, généralement assez saillantes. Plusieurs des types, sur lesquels ces déterminations premières ont été basées, ayant été mal définis, il en est résulté une déplorable confusion qui n'a fait que s'accroître à mesure que les connaissances malacologiques venaient à se compléter.

C'est ainsi que, sous les noms d'*Helix striata* et *H. fasciolata*, on est arrivé à confondre un grand nombre de formes pourtant bien distinctes et bien différentes. Nous allons essayer, dans ce mémoire, de jeter un peu de lumière sur les Hélices de ce groupe, véritable pierre d'achoppement pour tous les malacologistes qui ont tenté vainement de s'en tenir aux anciennes dénominations.

En premier lieu, nous tracerons l'historique de ce groupe, en suivant

1

pas à pas les différents travaux des anciens auteurs ; puis nous donnerons ensuite la description détaillée de chacune des espèces qu'il comporte, et telles que nous les comprenons. Nous espérons arriver ainsi à démontrer combien est simple et logique l'enchaînement méthodique de toutes ces formes qu'une étude sérieuse et attentive permet toujours de distinguer et de classer facilement.

Nous aurions pu, sans doute, donner pour chacune de nos espèces des figures ; mais nous estimons que, dans le cas qui nous occupe, tout malacologiste consciencieux peut aisément s'en passer. Des descriptions bien complètes, établies parallèlement, et surtout des rapports et différences faisant valoir les analogies et les dissemblances des sujets, valent mieux pour nous que les meilleures figurations.

Dans toute figuration, surtout lorsqu'il s'agit de coquilles de taille un peu petite, si l'on veut arriver à bien faire ressortir tel ou tel caractère même des plus importants, l'on est souvent condamné à l'exagérer. Tandis que, si l'on établit d'abord en quoi telle forme donnée se rapproche de ses congénères, puis si l'on fait ensuite comprendre quels sont les caractères nets, précis, distincts qui l'en différencient, toute personne qui aura la clef du langage malacologique sera immédiatement à même de distinguer ces deux formes, quelque affines qu'elles soient, et cela bien mieux que par la comparaison de deux dessins où il faut chercher soi-même ces différenciations caractéristiques.

D'autre part, toute espèce donnée étant susceptible de présenter un certain nombre de variations, pour établir une figuration complète de cette espèce, on est bientôt conduit à multiplier les formes à représenter. Dans de telles conditions, outre les frais considérables auxquels entraîne une pareille figuration, on n'arrive jamais à représenter tous les accidents qui peuvent se produire dans telle ou telle espèce.

Enfin, notre Mémoire ne s'adresse point à des novices ; ce n'est pas un manuel ; nous écrivons ce travail critique pour ceux qui, ayant déjà des connaissances malacologiques suffisantes, savent au moins ce que l'on entend par groupe des *Hélices striées*, et à ceux-là, il n'est certes pas nécessaire de représenter l'une quelconque de ces formes pour leur faire comprendre en quoi les formes voisines en diffèrent.

HISTORIQUE DU GROUPE

Müller (1), le premier, en 1774, décrivit sous le nom d'*Helix striata* une coquille qui lui avait été envoyée de la Saxe par Schröter. Gmelin, dans la treizième édition de Linnée (2), cite également cette même espèce en lui assignant comme habitat la Thuringe. Il renvoie à la la figuration, assez mauvaise, du reste, donnée par Schröter (3).

En 1801, Draparnaud, dans son *Tableau des mollusques* (4), donne, sous le nom d'*Helix striata*, une « coquille blanchâtre ou jaunâtre, striée, subcarénée, fasciée de brun »; il admet trois variétés, suivant que la coquille a ou n'a pas de bandes coloriées. La var. C, coquille blanchâtre ou roussâtre, sans bandes, se rapporte d'après lui à l'*Helix striata* de Müller. C'est à partir de ce moment que la confusion commence.

En 1804, ce même auteur, dans son *Histoire des mollusques* (5), divise les coquilles subdéprimées en imperforées, perforées et ombiliquées, le groupe C, des ombiliquées, comprend onze espèces, savoir :

Helix lucida (*H. nitida*, Drap., *Tabl. Moll.*, n° 47).
— *hispida* (Linné, *Syst. nat.*, 657 ; Müll., *Verm. Hist.*, 268).
— *villosa* (*H. sericea*, b, Drap., *Tabl. Moll.*, n° 26).
— *plebeia* (*Nov. sp.*).
— *conspurcata* (*Nov. sp. ;* Gualt., t. III, fig. a).
— *striata* (*H. bidentata*, Drap., *Tabl. Moll.*, n° 25).
— *ericetorum* (*H. ericetorum*, β, γ. Müller, 226).
— *neglecta* (*Nov. sp.*).
— *cespitum* (*Nov. sp.*).
— *incerta* (*Nov. sp.*)
— *fasciola* (*H. striatula*, Müller, *Verm. hist.*, 225).

Nous écarterons d'abord de ce groupe les *Helix lucida* et *H. incerta* qui sont de véritables *Hyalinia*, puis les *Helix hispida*, *H. villosa* et *H. plebeia* dont le galbe et la nature pilleuse du test en rendent l'élimination toute naturelle. Les *Helix ericetorum*, *H. neglecta*, et **H. cespitum**, par leur

(1) Müller, 1774. *Verm. terr. et fluv. Hist.*, II, p. 58, n° 238.
(2) Gmelin, 1788. *Sytema naturæ*, éd. XIII, p. 3632, n° 64.
(3) Schröter, 1771, *Erdconch.*, p. 183, n° 60, tab. II, f. 20.
(4) Draparnaud, 1801. *Tabl. moll.*, p. 91, n° 30.
(5) Draparnaud, 1805. *Hist. moll.*, p. 98.

taille, leur galbe général avec un grand ombilic peuvent constituer un autre groupe. Il ne nous reste donc plus que les *Helix conspurcata*, *H. striata* et *H. fasciola*. Cette dernière espèce, envoyée à Draparnaud, de la Rochelle, avec son test corné, son galbe déprimé, ne paraît pas appartenir à la faune française, et cependant l'*Helix striatula* de Müller, qui en serait le synonyme, provient bien de la France. Quelle est, au juste, cette espèce? Nous ne saurions le dire pour le moment; mais il est bien certain qu'elle n'appartient pas à notre groupe des striées.

Il ne nous reste donc, dans l'ouvrage de Draparnaud, comme point de départ du groupe des striées que ses *Helix striata* et *H. conspurcata*. Cette dernière Hélice est une bonne espèce bien typique, bien caractérisée que nous garderons comme tête d'un groupe particulier au sujet duquel nous aurons à revenir plus tard. Examinons donc ce qu'était l'*Helix striata* de Draparnaud.

En 1801, l'*Helix striata* (var. C) de Draparnaud avait pour synonyme l'*Helix striata* de Müller. Mais, en 1804, il n'est plus question de Müller, et l'*Helix striata* de Draparnaud devient synonyme de son *Helix bidentata* de 1801 (1) ainsi définie : « Coquille lisse, striée, blanche, subcarénée; bourrelet du péristome 2-denté. » Et en effet, parmi les neuf variétés citées pour l'*Helix striata* en 1804 (2) les deux dernières sont, l'une, *labio unidentato;* l'autre, *labio bidentato*. Mais, à cette époque, il est évident que l'auteur réunit sous l'appellation d'*Helix striata* un grand nombre de formes plus ou moins affines, puisqu'il reconnaît lui-même que cette coquille « varie beaucoup, par ses couleurs, sa grandeur et même par l'élévation de la spire qui est tantôt globuleuse et un peu conique, tantôt déprimée et presque aplatie. » Plus loin même il se demande si sa var. ε ne serait point une espèce distincte !

Comme nous l'avons vu, Müller avait déjà fait usage de ce même nom d'*H. striata*. Il importe donc d'examiner si les *Helix striata* de Draparnaud et de Müller correspondent à la même espèce. Et d'abord, nous remarquerons que Draparnaud, dans son dernier travail, ne fait plus allusion à l'espèce de Müller, alors qu'au contraire, il a soin de citer cet auteur toutes les fois qu'il lui emprunte une appellation. Il est donc à présumer que Draparnaud a réellement reconnu en 1804 que l'*Helix striata* de Müller n'existait pas en France, comme il paraissait l'admettre en 1801.

(1) Draparnaud, 1801. *Tabl. moll.*, p. 85, n° 23.
(2) Draparnaud, 1804. *Hist. moll.*, p. 106, n° 39.

Quant au nom d'*Helix bidentata* dont il fait usage en 1801, il rentre en synonyme de l'*Helix bidens* de Chemnitz (1) forme bien différente, qui n'appartient pas à ce groupe.

Si nous voulons comparer les descriptions que ces deux auteurs donnent pour les *Helix striata*, elles sont si brèves, si succinctes qu'il est bien difficile d'en tirer une conclusion, surtout si l'on tient compte de l'observation faite par Draparnaud au sujet du polymorphisme de son espèce. Il est cependant intéressant de mettre en regard ces deux diagnoses :

H. striata, Müller, 1774.

Testa alba, argute striata, unicolor ; subtus convexa, supra convexiuscula. Umbilicus distinctissimus, pervius. Anfractus fere sex rotundati absque carina. Apertura lunata ; labrum in mea nondum absolutum.

H. striata, Drap., 1804.

Testa subdepressa, plerumque alba et fasciata, striata subcarinata ; peristomate albo marginato.

Mais, et c'est ici le nœud de la question, le type de Müller provient de Saxe, tandis que Draparnaud décrit les mollusques de France. Nous avons donc cherché à nous procurer cette forme allemande, et nous avons pu enfin nous convaincre, *de visu*, que l'*Helix striata* de Müller, le seul et véritable *Helix striata* par droit de priorité absolue, était une forme bien typique, bien caractéristique, qui n'a aucun rapport avec nos striées françaises. Le nom d'*Helix striata* de Draparnaud doit donc disparaître à jamais, et être tout au plus relégué dans les synonymies de nos formes françaises. Nous disons tout au plus, car, vu le polymorphisme avoué pour cette espèce par Draparnaud, il est bien difficile de savoir au juste à laquelle de nos formes il se rapporte aujourd'hui !

MM. S. Clessin et F. Borcherding ont bien voulu nous envoyer des *Helix striata* récoltés dans les stations suivantes : Lieskau, près de Halle-sur-Saale, les bords du lac de Mansfeld, près Halle-sur-Saale, et Mansfeld, ces trois localités sont bien situées dans la Saxe, c'est-à-dire dans la région que Müller signale pour son type. Enfin nous avons également reçu cette même coquille de Mombach, près Mayence, sur la rive gauche du Rhin. Nous devons reconnaître que toutes ces formes, à part les varia-

---

(1) Chemnitz, 1786. *Syst. Conch.*, p. 50, pl. CXXII, f. 1052 (*Trochus bidens*).
Gmelin, 1788. *Systema naturæ*, 13ᵉ édit., p. 3642 (*Helix bidentata*)

tions individuelles nécessairement inhérentes à chaque sujet sont absolument conformes entre elles et appartiennent bien à la même espèce.

Pour compléter notre étude, et à titre de comparaison, nous avons
pensé qu'il serait intéressant de donner ici la description complète de ce
que nous considérons désormais comme le véritable *Helix striata* de
Müller. Cette description est faite d'après des individus provenant de la
station type indiquée par l'auteur lui-même.

HELIX STRIATA, Müller

Coquille d'un galbe subglobuleux, un peu conique en dessus, assez
convexe en dessous. — Très solide, assez épais, couvert de costulations
très grossières et très irrégulières, devenant encore plus fortes et plus
marquées sur le milieu du dernier tour, un peu atténuées et plus régulières en dessous, au bord de l'ombilic; coloration variable; tantôt
monochrome et passant du blanc grisâtre au roux clair, tantôt d'un fond
blanc ou roux avec des bandes longitudinales brunes foncées, en nombre
très variable, mais toujours plus fortes et plus larges en dessus qu'en
dessous. — Spire composée de quatre tours et demi, bien convexes,
croissant très régulièrement, le dernier, à peine un peu plus grand vers
l'ouverture; profil des tours supérieurs arrondi; profil du dernier tour
parfaitement arrondi depuis sa naissance jusqu'à son extrémité; suture
bien accusée, assez profonde; sommet lisse, brillant. — Ombilic arrondi
à sa naissance, moyennement large, très profond par suite de la forme
arrondie du dernier tour, laissant voir sur une faible largeur un peu plus
de la moitié de la longueur de la circonférence interne de l'avant-dernier
tour, son bord droit légèrement masqué par le développement du bord
columellaire. — Ouverture exactement circulaire, peu échancrée par
l'avant-dernier tour. — Péristome interrompu, à bords assez rapprochés,
presque droit, peu épais, le bord supérieur à direction presque rectiligne,
le bord columellaire légèrement réfléchi sur l'ombilic.

DIMENSIONS. — Diamètre maximum : 7-9 millim.

   Hauteur totale;   4 1/2-6 1/2 millim.

Comme on a pu le voir par cette description, l'*Helix striata* de
Müller n'a aucun rapport avec les formes du groupe de l'*Helix Heripensis*. Mais, en revanche, par son galbe, par ses costulations, il se rapproche beaucoup de la forme française que nous désignons sous le nom

d'*Helix costulata* de Ziegler (1) et que l'on trouve dans l'est, notamment dans l'Alsace, la Moselle, la Champagne, la Côte-d'Or, le Jura, le Rhône et le Dauphiné. Malheureusement nous ne connaissons pas le véritable type de l'*Helix costulata* de Ziegler, de telle sorte que nous ne sommes pas en mesure de dire en quoi il diffère du type de l'*Helix striata* de Müller ; mais, dans tous les cas, nous retenons ce fait parfaitement certain, c'est que l'*Helix striata* n'appartient pas au groupe de l'*Helix Heripensis* (2).

Ceci étant posé, revenons à notre historique du groupe de l'*Helix Heripensis*.

Avant Draparnaud, Geoffroy (3) avait décrit sous le nom de *Grande striée* une coquille au sujet de laquelle les malacologistes ont émis des avis forts différents, et qui, pourtant, joue un certain rôle dans l'histoire des formes qui nous occupent. Müller, en parlant de son *Helix striata*, dit: « *Striatam majorem clariss. Geofroi crederem, nisi omne fasciarum vestigium abesset* (4). » Draparnaud (5) considère la *Grande striée* comme une variété de son *Hélice striée;* Brard (6) en fait un *Helix fruticum*. Picard (7), MM. l'abbé Dupuy (8) et Gassies (9) l'envisagent comme synonyme de l'*Helix striata* de Draparnaud. Pour M. le docteur Jousseaume (10), c'est l'*Helix strigella* du même auteur. Enfin M. P. Fagot (11) affirme que cette coquille appartient au groupe des striées.

Sans intervenir définitivement dans la question qui nous semble difficile à résoudre avec les seules données du Mémoire de Geoffroy, nous nous bornerons à rappeler la figuration donnée par Duchêne, figuration

(1) Ziegler, 1828. *In* Pfeiffer, *Deutsch. moll.*, p. 32, pl. VI, f. 21, 22.

(2) D'après les récents travaux de MM. Agardh Westerlund et S. Clessin, l'*Helix costulata* de Ziegler ne serait, en effet, qu'un simple synonyme de l'*Helix striata* de Müller (Westerlund, *Faun. europ. Moll. Prodromus*, 1876, p. 106; S. Clessin, *Nomenclator Helic. vivent.*, 1881, p. 132). M. Borcherding nous écrit également qu'il considère ces deux espèces comme synonymes. Mais, avant de conclure définitivement, il faudrait comparer les échantillons de l'*Helix striata* de la Saxe, avec les types de Ziegler qui doivent faire partie de la collection de Rossmässler.

(3) Geoffroy, 1767. *Traité sommaire des coquilles env. Paris*, p. 34.

(4) Müller, 1774. *Verm. terr. fluv. Hist.*, II, p. 38.

(5) Draparnaud, 1801. *Tabl. moll.*, p. 91, n° 39, 6.

(6) Brard, 1815. *Histoire des coquilles env. Paris*, p. 58.

(7) Picard, 1840. *Hist. moll. dép. de la Somme*, p. 229.

(8) Dupuy, 1848. *Histoire des mollusques*, p. 279

(9) Gassies, 1849 *Tabl. mollusques Agenais*, p. 95.

(10) Jousseaume, 1877. *In Bull. Soc. Zool. Franc.*, p. 25, pl. II, f. 20, 21. — 1878. *Réponse à la note de M. Fagot, Loc. cit.*, p. 333.

(11) P. Fagot, 1878. *Observations sur la Grande striée de Geoffroy, In Bull. Soc. Zool. France, séance du 6 déc.* 1878, p. 329.

en trois planches que l'on trouve quelquefois à la fin du petit volume de Geoffroy. Nous constaterons que la grande striée figurée planche II a un ombilic très étroit, qui, bien certainement, ne peut appartenir ni à un *Helix fruticum*, ni encore moins à un *Helix strigella*, tel qu'on le trouve aux environs de Paris, c'est-à-dire dans la région française où cette forme a le plus grand ombilic. Nous estimons, au contraire, avec M. P. Fagot, qu'une telle coquille a bien plus d'analogie avec certaines formes du groupe de l'*Helix Heripensis*, formes de même taille, à ombilic relativement étroit et qui vivent actuellement en assez grande abondance aux environs de Paris *(in pagi heripensis)*.

Laissant de côté les monographies locales qui ont paru depuis Draparnaud jusqu'à 1850, et qui ne peuvent jeter aucune lumière sur la question, nous arrivons ainsi à la *Monographie des Hélices striées* publiée à cette époque par F. Dumont (1). Cet auteur, meilleur collectionneur que critique érudit, envisage le groupe des striées sous son plus vaste aspect. Son groupe ne comprend pas moins de vingt espèces, « toutes striées longitudinalement et obliquement. » Ce sont :

Helix fruticum, Müller.	*Helix candidula*, Stud.
— *strigella*, Drap.	— *striata*, A. Gras (2).
— *Alpina*, Mich.	— *intersecta*, Poiret.
— *Fontenilli*, Mich.	— *Carascalensis*, Mich.
— *ericetorum*, Drap.	— *apicina*, Lamck.
— *cespitum*, Drap.	— *conspurcata*, Drap.
— *neglecta*, Drap.	— *rugosiuscula*, Mich.
— *Terveri*, Mich.	— *conoidea*, Drap.
— *variabilis*, Drap.	— *pyramidata*, Drap.
— *maritima*, Drap.	— *conica*, Drap.

Certes, l'on ne pouvait s'attendre à pareil amalgame de formes aussi différentes ! Il est inutile d'insister sur cet étrange mode de groupement qui réunit les *Helix fruticum, H. variabilis, H. candidula* et *H. conica* ! Toutes ces coquilles ont bien, en effet, un test plus ou moins strié ; mais la plupart n'ont aucun rapport avec les *Helix striata* de Müller ou de

---

(1) Dumont, 1850. *Monographie des Hélices striées, In Bull. Soc. Hist. Nat. Savoie* (tir. à part., 1 br. in-12, 37 p.).

(2) Albin-Gras, dans son mémoire intitulé: *Description des mollusques fluviatiles et terrestres du département de l'Isère, in Bull. Soc. Isère*, p. 430, donne, en effet, la description d'un *Helix striata*, mais sans nom d'auteur; ce n'est donc ni l'*H. striata* de Müller, ni celui de Draparnaud.

Draparnaud, encore moins avec le groupe de l'*Helix Heripensis* dont Dumont ne paraît pas avoir connu le type. De ces vingt espèces, il en reste seulement six, les *Helix candidula, H. striata, H. intersecta, H. apicina, H. conspurcata, H. rugosiuscula* qui puissent à la rigueur être considérées comme appartenant au groupe général des *Hélices striées.*

M. l'abbé Dupuy, dans son *Histoire des mollusques* (1), est véritablement de tous les auteurs français celui qui a le mieux compris jusqu'à présent ce groupe. Il admet, en effet, le groupe des *striées* et y range les espèces suivantes :

Helix rugosiuscula, Mich.	*Helix striata,* Drap.
— *apicina,* Lamck.	— *intersecta,* Poiret.
— *costulata,* Ziegl.	— *candidula,* Stud.
— *conspurcata,* Drap.	

Ici, au moins, nous sommes en présence d'une classification logique et méthodique. Pour M. l'abbé Dupuy, son *Helix striata* type est la coquille envisagée par Draparnaud et non pas celle de Müller. Dans sa synonymie, ce savant auteur considère l'*Helix striata* de Müller comme un *Helix ericetorum* de petite taille, et donne comme synonyme à l'*Helix striata* de Draparnaud les *Helix cinerea* Poiret (2), *H. caperata* Montagu (3), *H. striatula* Müller (4), etc., mais avec des points de doute, il est vrai.

Moquin-Tandon (5) a compris ce même groupe d'une façon analogue à celle de Dumont. Mais, en outre, sa synonymie renferme des erreurs regrettables. Pour lui, l'*Helix rugosiuscula* Michaud, n'est plus qu'une variété de l'*Helix unifasciata* Poiret, tout comme l'*Helix costulata* de Ziegler est également une simple variété de l'*Helix conspurcata* de Draparnaud ; de même encore, les *Helix arenosa* Ziegler et *H. nubigena* Charp., ne sont que des variétés des *Helix ericetorum* et *H. cespitum.* A force de vouloir simplifier la science, il ne parvient qu'à la rendre incompréhensible ! Son groupe XXI des *Helicella* comprend les treize espèces suivantes :

(1) Dupuy, 1849. *Histoire des mollusques,* p. 270.
(2) Poiret, 1801. *Coq. fluv. Aisne, Prodr.,* p. 73.
(3) Montagu, 1803. *Testacea Britannica,* p. 433, tabl. II, f. 11.
(4) Müller, 1774. *Verm. terr. fluv. Hist.,* II, p. 24.
(5) Moquin-Tandon, 1855. *Histoire des mollusques,* t II, p. 232.

Helix apicina, Lamck.	*Helix Alpina*, Faure-Big.
— *unifasciata*, Poiret.	— *glacialis*, Thom.
— *conspurcata*, Drap.	— *neglecta*, Drap.
— *fasciolata*, Poiret.	— *ericetorum*, Müll.
— *intersecta*, Poiret.	— *cespitum*, Drap.
— *Carascalensis*, Ferussac.	— *Terveri*, Mich.
— *Fontenillii*, Mich.	

Il faut, hélas ! reconnaître que de tous les groupes d'Hélices de Moquin-Tandon, c'est certainement celui des *Helicella* qui est le plus mal compris sous le rapport du mode de groupement et surtout comme synonymie. Que deviennent chez cet auteur les *Helix striata* de Müller et de Draparnaud ? Il admet que l'*Helix striata* de Draparnaud est une forme différente de celle de Müller, laquelle ne serait plus qu'une variété naine de l'*Helix ericetorum* (1). Mais fort des droits acquis de priorité, il reconnaît que le nom d'*Helix fasciolata* donné par Poiret, en avril 1801, doit passer avant celui d'*Helix striata* créé par Draparnaud pour la même espèce en juillet de la même année.

Cet *Helix fasciolata*, est ainsi défini par Poiret (2) : « *Testa supra plana, umbilico angusto ; fasciis inferioribus approximatis.* » Une telle diagnose est malheureusement bien vague. Cependant la solution proposée par Moquin-Tandon trancherait toute difficulté si l'on savait au juste ce que c'est que cet *Helix fasciolata* de Poiret. Mais, sous ce nom, Poiret lui-même a pu réunir plusieurs formes affines ; quel est son véritable type ? Il est aussi difficile de le savoir pour son *Helix fasciolata* que pour l'*Helix striata* de Draparnaud ; car, en effet, cette définition peut tout aussi bien s'appliquer aux *Helix Heripensis, H. Solaciaca, H. Thuillieri* et *H. Loroglossicola* qui vivent aux environs de Paris, et notamment dans l'Aisne, dont Poiret a donné le catalogue malacologique.

A la vérité, ces deux auteurs, écrivant à la même époque, mais l'un à Paris et l'autre à Montpellier, ont très bien pu connaître les mêmes formes. En effet, Draparnaud était en correspondance avec ses amis Faure-Biguet, de Crest, dans la Drôme et Sionest, de Lyon, qui lui envoyaient le produit de leurs chasses. Or, ces mêmes Hélices que nous venons de nommer comme se trouvant dans l'Aisne se retrouvent également dans les environs de Lyon et dans la vallée du Rhône. Nous avons pu voir, dans ce qui

---

(1) Moquin-Tandon. *Loc. cit.*, p. 2̈3.
(2) Poiret, 1801. *Coq. Aisne, Prodrome*, p. 79.

reste de la collection Sionest, qu'il connaissait ces mêmes Hélices, et dans son catalogue manuscrit (1), il les désigne vingt-deux fois, sans doute d'après les indications de Draparnaud, sous le nom d'*Hélice striée*.

De tout ceci, il résulte donc que pas plus le nom d'*Helix fasciolata* de Poiret que celui d'*Helix striata* de Draparnaud ne peuvent être conservés, et qu'il est même très difficile, par suite de la non-connaissance de leurs véritables types, de les faire entrer dans une synonymie rigoureusement exacte.

Nous devons à M. J. Mabille la première description sérieuse des grandes Hélices striées des environs de Paris (2). Dans une note malheureusement trop succincte, il donne les diagnoses des quatre grandes espèces vivant aux environs de Paris, savoir les *Helix Heripensis*, *H. Thuillieri*, *H. Solaciaca* et *H. Loroglossicola*, correspondant sans doute à l'*Helix fasciolata* de Poiret et aux *Hélices striées* de Brard, de Geoffroy et de la plupart des auteurs qui ont étudié la malacologie des environs de Paris.

Depuis la publication des ouvrages dont nous venons de parler, et grâce, sans doute, à l'impulsion qu'ils ont su donner aux études malaco-logiques, des recherches plus suivies, plus attentives ont permis de découvrir un nombre considérable de formes nouvelles. En même temps, par suite de cette grande diversité de formes, il est devenu nécessaire de dédoubler les groupes qui pouvaient renfermer un trop grand nombre d'espèces, de telle sorte que l'ancien groupe des striées de Draparnaud, par exemple, a dû, à son tour, être subdivisé en presque autant de groupes qu'il renfermait d'espèces dans le principe, chaque espèce devenant, à son tour, une tête de groupe. C'est ainsi que, dans le *Prodrome de mala-cologie française* que nous avons publié en 1882, nous avons été amené sur les indications que nous devons à notre savant ami M. J.-R. Bour-guignat, à comprendre sous le nom de groupe de l'*Helix Heripensis* (3) le véritable groupe des *Hélices striées* proprement dites, correspondant aux formes que Draparnaud et Poiret désignaient sous les noms d'*Helix striata* et *H. fasciolata* et renfermant toutes leurs formes affines. Nous avons adopté ce nom d'*Heripensis* du nom donné par M. J. Mabille à l'espèce la plus commune, la plus répandue, la plus typique de toutes les formes de ce groupe.

---

(1) L'original de ce catalogue manuscrit dont nous ne possédons qu'une copie appartient à notre ami M. l'abbé Victor Mulsant.

(2) J. Mabille, 1877. *Testarum novarum diagnoses, in Bull. Soc. Zool.*, p. 304.

(3) A. Locard, 1882. *Prodrome de malacologie française*, p. 107 et 332.

En parcourant notre *Prodrome*, on verra qu'en dehors de quelques espèces méridionales appartenant à des groupes algériens, comme les *Helix prinophila*, *H. Bertini*, *H. arceutophila*, l'ancien groupe des striées comprend aujourd'hui les groupes des *Helix conspurcata*, *H. Martorelli*, *H. apicina*, *H. Ramburi*, *H. Heripensis*, *H. unifasciata* et *H. intersecta*, anciens types déjà connus, autour desquels sont venus se grouper un certain nombre de formes plus ou moins affines. Dans le travail qui nous occupe actuellement, nous ne parlerons exclusivement que de notre groupe de l'*Helix Heripensis*. Plus tard, sans doute, arriverons-nous dans d'autres mémoires à compléter cette étude de l'ancien groupe des striées.

Le groupe de l'*Helix Heripensis* comprenait dans notre *Prodrome* vingt-deux espèces. Nous avons dû y rajouter un certain nombre de formes qui nous paraissent nouvelles, et que nous ne connaissions pas à cette époque. Nous arrivons ainsi à un total de vingt-sept espèces. Et malgré ce grand nombre de formes, nul doute pour nous que de nouvelles recherches ne fassent encore découvrir un grand nombre d'espèces jusqu'alors inconnues.

Mais avant d'entrer en matière, il nous reste à dire un mot des matériaux qui nous ont servi à faire ce travail. A tout seigneur, tout honneur; nous devons à l'inépuisable complaisance de M. Bourguignat la communication de tous les types de sa splendide collection. M. Jules Mabille a bien voulu vérifier plusieurs de nos déterminations pour les confronter avec les propres types des espèces qu'il a créées. MM. P. Fagot et Coutagne nous ont envoyé du Midi toute une collection de striées. Enfin, nous-même, en vue de ce travail, nous avons examiné plus de deux mille cinq cents individus de toutes provenances françaises, appartenant tous à ce même groupe. On peut donc en conclure que, grâce au généreux concours de nos bienveillants amis, nous avons pu disposer de matériaux considérables pour cette étude. Aussi espérons-nous arriver enfin à jeter un peu de lumière sur cette intéressante question.

DESCRIPTION DES ESPÈCES

GROUPE DE L'HELIX HERIPENSIS

Le groupe de l'*Helix Heripensis* comprend la série des Hélices ayant dans leur galbe une analogie plus ou moins grande avec l'*Helix Heripensis* type, tel que nous aurons à le décrire. Ces Hélices de taille variable sont caractérisées par un test solide, épais, subopaque, parfois crétacé, d'une coloration passant du blanc sale au roux clair, tantôt monochrome, tantôt avec des bandes ou fascies en nombre variable, d'un brun foncé. La surface du test est toujours ornée de stries longitudinales plus ou moins irrégulières, assez fortes, visibles à l'œil nul, s'atténuant parfois vers l'ombilic, et disparaissant sur le sommet. Le galbe général est variable; le dessus de la coquille passe des formes déprimées aux formes subconiques ; le dessous est toujours bien convexe. L'ouverture est arrondie, et accompagnée d'un péristome épaissi. Enfin l'ombilic est de taille très variable.

Étant donnée une aussi grande diversité de formes, nous nous sommes demandé quel mode de classement on pouvait adopter pour les décrire. Les caractères fournis par la manière d'être de l'ombilic nous ont paru les meilleurs. En effet, si nous partons de l'*Helix Tolosana* pour arriver à l'*Helix Idanica*, nous voyons, dans toutes les espèces comprises entre ces deux formes extrêmes, l'ombilic varier en passant du diamètre le plus exigu, le plus étroit, jusqu'au diamètre le plus grand. Nous avons donc classé les Hélices du groupe de l'*Helix Heripensis* en coquilles à ombilic très étroit, étroit, moyen, large et très large. Dans chacun de ces sous-groupes, le diamètre va toujours en croissant depuis la première espèce jusqu'à la dernière.

Les Hélices de ce groupe vivent en général dans la région des plaines basses et des vallées. Nous n'en avons pas rencontré à une altitude supérieure à 500 mètres. Elles paraissent disséminées dans presque toute la France, aussi bien au nord qu'au midi. Par suite de la nature de leur test, elles n'ont pas besoin pour vivre d'une aussi grande somme de fraîcheur et d'humidité que la plupart de leurs congénères ; aussi les rencontre-t-on souvent dans des lieux parfois un peu secs et arides ;

elles ne sont pas rares dans les prairies, où elles grimpent sur les herbes après la pluie. Elles constituent presque toujours des colonies populeuses; parfois même on rencontre deux ou plusieurs espèces des plus tranchées, quant aux caractères, dans la même colonie.

Dans un tableau général, placé à la fin de notre travail, nous avons résumé toutes les données relatives à la description de chacune de nos espèces. Ce tableau, qui pour nous vaut mieux que les meilleures figurations, dépeint aussi exactement que possible les caractères propres et comparatifs de chaque espèce. Nous avons adopté pour nos descriptions le même ordre de classement que dans notre tableau (1).

A. — Coquilles à ombilic très étroit

HELIX TOLOSANA, Bourguignat

Helix Tolosana, Bourguignat, 1877. *Mss.*
—   —   Servain, 1880. *Étude moll. Esp. Port.*, p. 87.
—   —   Coutagne, 1881. *Note Faune malac. bassin du Rhône*, p. 14.
—   —   Locard, 1882. *Prodr. malac. franç.*, p. 109.
—   —   Kobelt, 1883. *In Nachrichtsb. malak.*, p. 9.

DESCRIPTION. — Coquille d'un galbe général subdéprimé-globuleux, légèrement conique en-dessus, bien convexe en dessous. — Test solide, épais, crétacé, opaque, orné de stries longitudinales assez fines, rapprochées, un peu irrégulières, presque aussi fortes en dessus qu'en dessous, à peine obsolètes dans la région ombilicale ; d'un blanc jaunâtre, un peu roux vers l'ouverture, paraissant complètement blanc après la mort de l'animal, le plus souvent monochrome, plus rarement avec des bandes transversales brunes ; bande supracarénale unique, continue en dessus et flammulée; bandes infracarénales très minces, en nombre variable, discontinues, réduites à des taches ou des points, souvent comme effacées près de l'ombilic. — Spire un peu conique, composée de cinq à cinq tours et

—————

(1) Dans le cours de notre travail, on pourra remarquer que quelques-unes de nos descriptions ne sont pas absolument conformes, à la lettre même, à celles qui ont déjà été données par les auteurs créateurs des espèces. Cela tient à ce que voulant rendre nos descriptions comparatives, nous avons dû, tout en ayant en main les types même qui avaient servi aux auteurs, établir une sorte d'équilibre entre les termes et les expressions employés, pour que leur valeur soit, avant tout, à la fois relative et comparative.

demi, légèrement convexes, séparés par une ligne suturale bien marquée. — Accroissement spiral assez lent et régulier, à peine plus rapide à l'extrémité du dernier tour. — Dernier tour beaucoup plus convexe en dessous qu'en dessus à sa naissance, s'arrondissant ensuite, à mesure que l'on se rapproche de l'ouverture, subanguleux à l'origine sur une longueur égale à environ un quart de sa circonférence extérieure, angulosité bien supérieure. — Insertion du bord supérieur du dernier tour à l'ouverture légèrement tombante sur une faible longueur. — Sommet lisse, obtus, brillant, d'un fauve noirâtre. — Ombilic très étroit, profond, légèrement évasé au dernier tour sous une forme ovalaire, laissant voir sur une faible largeur environ le quart de la longueur totale de la circonférence interne de l'avant-dernier tour. — Ouverture oblique à bords rapprochés, fortement échancrés par l'avant-dernier tour, aussi haute que large, ou quelquefois à peine transversalement plus large que haute. — Péristome interrompu, droit, mince, tranchant, fortement épaissi, intérieurement ; bord inférieur patulescent ; bord columellaire légèrement réfléchi sur l'ombilic.

DIMENSIONS. — Diamètre maximum : 8-15 millim.
Hauteur totale :   4-6   —

OBSERVATIONS. — L'*Helix Tolosana* est plus particulièrement caractérisé par son galbe un peu conique en dessus, avec un dernier tour subanguleux à sa naissance, et un ombilic très étroit. C'est, de tout le groupe de l'*Helix Heripensis*, la forme chez laquelle l'ombilic a le plus petit diamètre. Sa taille est très variable ; nous voyons, en effet, son diamètre passer de 8 à 15 millim., c'est-à-dire presque du simple au double. Il existe donc une var. *major*, puisque le type, tel que l'a décrit M. G. Coutagne pour la première fois n'a que 8 1/2 millim. de diamètre pour 4 millim. de hauteur. Cette forme *major* conserve, néanmoins, tous les caractères du type. Cependant, chez quelques individus de grande taille, le dernier tout est proportionnellement moins convexe en dessous que dans le type, et, en outre, l'ouverture n'est pas aussi exactement circulaire.

Le plus souvent, l'*Helix Tolosana* est monochrome ; mais, dans des colonies ainsi constituées, on rencontre nombre d'individus qui portent sur la dernière moitié du dernier tour une bande carénale brunâtre ; d'autres fois, les colonies ont leurs sujets plus colorés en roux et alors avec des bandes bien marquées, comme nous les avons décrites.

HABITAT. — Cette espèce est assez commune, mais elle paraît localisée dans le midi de la France ; elle constitue des colonies assez populeuses ; nous la connaissons dans les stations suivantes : Les environs de Toulouse, de Villefranche-Lauraguais, Montgiscard, dans la Haute-Garonne ; Saint-Chamas, sur la colline rocheuse de Bagnes, les environs de Sulause, entre Estre et Miramas, dans les Bouches-du-Rhône ; les environs de Draguignan et de Rians, dans le Var ; les environs de Remoulins, dans le Gard ; etc.— La var. *major*, dans les environs de Villefranche-Lauraguais.

HELIX GROBONI, Bourguignat

Helix Groboni, Bourguignat, 1877. *In Sched.*
—   —   Servain, 1880. *Étude moll. Esp. Port.*, p. 83.
—   —   Locard, 1882. *Prod. malac. franç.*, p. 108 et 333.

DESCRIPTION. — Coquille d'un galbe général déprimé-globuleux, faiblement convexe tectiforme en dessus, plus convexe en dessous.— Test solide, assez épais, subcrétacé, subopaque, orné de stries longitudinales fines, régulières, aussi fortes en dessus qu'en dessous, légèrement obsolètes dans la région ombilicale ; d'un jaune roussâtre un peu clair, rarement monochrome, plus souvent avec des bandes brunes d'inégale épaisseur et en nombre très variable ; bande supracarénale unique continue en dessus unie ou flammulée ; bandes infracarénales multiples continues ou réduites à des taches ou des points, disparaissant dans la région ombilicale. —Spire légèrement conique, composée de cinq tours et demi, à peine convexes, séparés par une suture peu profonde. — Croissance spirale régulière, relativement rapide. — Dernier tour un peu plus convexe en dessus que les précédents, à profil subarrondi ou obtusément subanguleux à sa naissance sur une faible longueur, arrondi à son extrémité. — Insertion du bord supérieur de l'ouverture à direction bien rectiligne. — Sommet lisse, obtus, brillant, d'un fauve roux plus ou moins foncé. — Ombilic très étroit, profond, s'évasant un peu au dernier tour sous une forme ellipsoïde, laissant voir sur une assez faible largeur environ la moitié de la longueur totale de la circonférence interne de l'avant-dernier tour. — Ouverture oblique, assez échancrée, quoique la convexité de l'avant-dernier tour soit peu prononcée, bien arrondie, aussi haute que large. — Péristome interrompu, droit, mince, tranchant, fortement bordé intérieurement ; bord inférieur un peu patulescent ; bord columellaire légèrement réfléchi sur l'ombilic.

DIMENSIONS. — Diamètre maximum : 8-8 1/2 millim.
              Hauteur totale :   5-5 1/4 —

OBSERVATIONS. — Les variations que l'on peut constater chez l'*Helix Groboni* portent surtout sur le profil du dernier tour à sa naissance. Ce profil peut être plus ou moins subanguleux, suivant le moins ou plus de convexité du dessous du dernier tour dans cette région. Mais, dans tous les cas, cette angulosité est toujours moins accusée que chez l'espèce précédente. Ces modifications paraissent, du reste, être plus particulièrement individuelles et ne pas s'appliquer à une colonie tout entière.

RAPPORTS ET DIFFÉRENCES. — L'*Helix Groboni* ne peut être rapproché que de l'*Helix Tolosana*. On le distinguera facilement : à son galbe moins globuleux, la spire étant moins conique, et le dessous moins convexe ; à ses tours supérieurs plus déprimés ; à son dernier tour moins anguleux à la naissance, et s'il est anguleux dans cette région, l'angulosité règne sur une moins grande longueur ; à son ouverture plus arrondie ; à son test moins épais, moins opaque ; à ses stries un peu plus régulières ; etc.

Au point de vue de l'ornementation, il est à remarquer que l'*Helix Tolosana* est plus souvent monochrome ou avec très peu de bandes colorées que réellement fascié ; c'est absolument le contraire qui a lieu chez l'*Helix Groboni*.

HABITAT. — Forme peu commune, localisée çà et là ; le type a été trouvé par M. Léon Grobon sur les pierres aux environs du Puy-en-Velay, dans la Haute-Loire ; on le trouve en abondance, dit M. Bourguignat, aux alentours de Ribaute, dans le Gard ; nous le connaissons également : à Salles-sur-l'Hers, dans l'Aude ; aux environs de Saint-Chamas, dans les Bouches-du-Rhône ; aux environs de Draguignan, dans le Var ; etc.

HELIX XENELICA, Servain

Helix Xenelica, Servain, 1880. *Etude moll. Esp. Port.*, p. 81 et p. 83.

DESCRIPTION. — Coquille d'un galbe général un peu déprimé, à peu près aussi convexe en dessus qu'en dessous. — Test solide, épais, crétacé, opaque, orné de stries longitudinales fines, assez régulières, très rapprochées, aussi fortes en dessus qu'en dessous, devenant obsolètes vers la région ombilicale ; d'un blanc jaunâtre ou roussâtre, tantôt monochrome et alors un peu plus teinté vers l'extrémité du dernier tour, tantôt orné de bandes fauves en nombre variable ; bande supracarénale unique continuée en dessus, longuement flammulée, visible sur tous les tours ; bandes infracarénales étroites, multiples, parfois réduites à des taches ou à des points, souvent presque effacées vers l'ombilic. — Spire peu élevée, composée de cinq tours et demi à six tours, assez convexes, séparés par une ligne suturale bien marquée. — Enroulement spiral irrégulier, les premiers tours croissant lentement et régulièrement, le dernier à croissance plus rapide, s'élargissant vers l'ouverture à partir de la dernière moitié. — Dernier tour arrondi à sa naissance, à peu près aussi convexe en dessus qu'en dessous, devenant plus convexe en dessous sur le dernier tiers de sa longueur ; extrémité à section transversalement elliptique, par suite de l'aplatissement de la partie supérieure du tour. — Insertion du bord supérieur de l'ouverture assez fortement tombante, mais sur une faible longueur. — Sommet lisse, obtus, brillant, d'un fauve clair. — Ombilic très étroit, profond, légèrement évasé au dernier tour, laissant voir sur une assez faible largeur, environ la moitié de la longueur totale de la circonférence interne de l'avant-dernier tour. — Ouverture oblique, transversalement suboblongue, arrondie, à bords très rapprochés. — Péristome discontinu, droit, tranchant, épaissi intérieurement ; bord inférieur patulescent ; bord columellaire assez fortement réfléchi sur l'ombilic.

Dimensions. — Diamètre maximum : 10-10 1/2 millim.

Hauteur totale :   5-5 1/4   —

Observations. — Cette forme, signalée d'abord dans les alluvions du Xenil, à Grenade, et du Guadalquivir, à Séville, en Espagne, présente peu de variations dans ses caractères généraux ; c'est une forme bien constante dans son allure. Nous ne constatons chez elle que des variations absolument individuelles, basées sur le plus ou moins d'élévation de la spire, ou le plus ou moins de convexité du dernier tour.

Rapports et différences. — Malgré son petit ombilic, on ne saurait confondre l'*Helix Xenilica* ni avec l'*Helix Tolosana* ni avec l'*Helix Groboni*. On le distinguera toujours : à l'enroulement de sa spire beaucoup moins régulier, le dernier tour étant plus dilaté ; à la forme même de ce dernier tour, dont la section devient elliptique à son extrémité ; à son ouverture plus transversalement ovalaire ; à son ombilic un peu moins étroit ; etc. Nous aurons, en outre, à le comparer plus loin avec une autre forme plus voisine peut-être, l'*Helix Lieuranensis.*

HABITAT. — En dehors des stations espagnoles indiquées par M. le docteur Servain, nous signalerons l'*Helix Xenelica* en France, aux environs de Villefranche-Lauraguais, dans la Haute-Garonne, et de Digne, dans les Basses-Alpes.

HELIX LIEURANENSIS, Bourguignat

Helix Lieuranensis, Bourguignat, 1877. *In Sched.*
—   —   Servain, 1880. *Etude moll. Esp. Port.*, p. 83.
—   —   Locard, 1881. *Etudes variat. malac.*, II, p. 516. — 1881. *Catal. moll. de l'Ain*, p. 51. — 1882. *Prodr. malac. franç.*, p. 108.
—   —   Kobelt, 1883. *In Nachrichtsb. malak.*, p. 9.

DESCRIPTION. — Coquille d'un galbe général un peu déprimé, un peu plus convexe en dessous qu'en dessus. — Test solide, épais, crétacé, subopaque, orné de stries longitudinales fines, assez régulières, très rapprochées, à peu près aussi fortes en dessous qu'en dessus, devenant obsolètes vers la région ombilicale ; d'un jaune grisâtre, devenant blanc après la mort de l'animal, tantôt monochrome, tantôt orné de bandes brunes assez minces ; bande supracarénale unique, continuée en dessus, souvent réduite à des points ou à de petites flammules ; bandes infracarénales multiples, en nombre variable, très étroites, presque toujours réduites à des points, comme effacées vers l'ombilic. — Spire peu élevée, convexe, composée de cinq tours et demi à six tours assez convexes, séparés par une ligne suturale bien marquée. — Enroulement spiral peu régulier, les premiers tours croissant lentement et régulièrement, le dernier à croissance plus rapide, s'élargissant vers l'ouverture à partir du dernier tiers de sa longueur. — Dernier tour plus convexe en dessous qu'en dessus, s'arrondissant près de l'ouverture, nettement subanguleux à sa naissance et sur un tiers de sa longueur, angulosité un peu supérieure. — Insertion du bord supérieur de l'ouverture presque rectiligne, ou à peine tombante sur une très faible longueur. — Sommet obtus, lisse, brillant, d'un fauve foncé, parfois presque noirâtre. — Ombilic très étroit, profond, légèrement évasé au dernier tour, laissant voir sur une faible largeur un tiers de la longueur totale de la circonférence interne de l'avant-dernier tour. — Ouverture un peu oblique, à peine échancrée par l'avant-dernier tour, à bords assez rapprochés, presque exactement circulaire. — Péristome discontinu, droit, tranchant, bordé intérieurement d'un bourrelet blanchâtre ou parfois rosé ; bord inférieur un peu patulescent ; bord columellaire légèrement réfléchi sur l'ombilic.

DIMENSIONS. — Diamètre maximum : 7-10 millim.

Hauteur totale : 4-5 1/2 —

OBSERVATIONS. — L'*Helix Lieuranensis*, malgré des différences de taille, présente, en somme, peu de variations ; en outre, ces variations sont plutôt individuelles qu'applicables à une colonie tout entière, et susceptibles de constituer des variétés bien définies. Parfois cependant, si l'on compare des colonies différentes, on peut observer que les unes ont leur galbe général un peu moins déprimé, avec le dessous de la coquille plus convexe et la spire un peu plus élevée ; d'autres fois l'ombilic paraît un peu moins étroit, ou bien l'angulosité de la naissance du dernier tour est plus ou moins accentuée. Mais, encore une fois, malgré l'examen que nous avons pu faire d'un grand nombre d'individus, nous ne croyons pas qu'il soit possible d'établir pour cette espèce des variétés bien définies, autres que celles basées sur la taille ou la coloration du test.

Nous signalerons la connaissance d'un individu nettement subscalaire récolté dans le parc du château de l'Aumusse, dans l'Ain.

RAPPORTS ET DIFFÉRENCES. — La forme la plus voisine de l'*Helix Lieuranensis* est l'*Helix Xenelica*. On distinguera la première de ces espèces : à son enroulement plus régulier, la rapidité d'accroissement spiral se faisant sur une moindre longueur du dernier tour, et étant moins accentuée à taille égale ; à son dernier tour plus convexe en dessous et dont la section est moins elliptique à l'extrémité ; à l'angulosité de ce même tour à sa naissance, angulosité toujours bien accusée ; à son ouverture presque exactement circulaire et non pas transversalement suboblongue ; etc.

Rapproché des *Helix Tolosana* et *H. Groboni*, à taille égale, on le distinguera : à son galbe général plus déprimé ; à sa spire toujours moins élevée ; à son ombilic un peu moins étroit ; à son ouverture moins échancrée par l'avant-dernier tour ; à l'angulosité du dernier tour visible sur une plus grande longueur ; etc.

HABITAT. — Les quatre formes à ombilic très étroit que nous venons de citer, savoir les *Helix Tolosana*, *H. Groboni*, *H. Xenelica* et *H. Lieuranensis*, vivent quelquefois ensemble et dans ce cas leurs colonies se confondent ; mais le plus souvent elles constituent des colonies isolées, propres, ayant leur physionomie toute particulière. Nous connaissons l'*Helix Licuranensis* dans les localités suivantes, où il n'est, du reste, pas rare ; les allées du parc du château de l'Aumusse et les environs d'Arte-mare, dans l'Ain ; les alluvions du Rhône, au nord de Lyon ; Valence, Saint-Vallier, Hauterives, dans la Drôme ; les environs d'Avignon, dans Vau-cluse ; Saint-Chamas, Rognac, le Rouët, l'Estaque, Saint-Henri, Lamanon, dans les Bouches-du-Rhône ; Roquebrune, Rians, Hyères, dans le Var ; Lieuran-Cabrières, les environs de Montpellier, dans l'Hérault ; Remoulins, dans le Gard ; Montgiscart, Barelles, près Villefranche-Lauraguais, dans la Haute-Garonne ; etc.

B. — Coquilles à ombilic étroit

HELIX PAULI, Bourguignat

Helix Pauli, Bourguignat, 1883. *Mss.*

DESCRIPTION. — Coquille d'un galbe général déprimé, à peu près aussi convexe en dessous qu'en dessus. — Test un peu mince, solide, subcré-tacé, subopaque, orné de stries longitudinales fines, un peu irrégulières, plus marquées en dessus qu'en dessous, un peu obsolètes vers l'ombilic ; d'un blanc jaunâtre, parfois un peu plus teinté vers l'extrémité du dernier tour, avec une bande supracarénale brune, mince, interrompue, flam-mulée et quelques bandes infracarénales en nombre variable, étroites, ponctuées, souvent même presque effacées. — Spire déprimée, légère-ment convexe, presque méplane, composée de cinq tours à cinq tours et demi assez convexes, séparés par une suture bien marquée. — Croissance spirale d'abord lente et régulière, puis, de plus en plus rapide au dernier tour. — Dernier tour bien convexe en dessous vers l'ombilic, un peu aplati en dessus et en dessous à son extrémité, à section transversale elliptique, subanguleux à sa naissance sur un cinquième environ de sa longueur totale, angulosité émoussée. — Insertion du bord supérieur de l'ouverture un peu tombante et sur une faible longueur. — Sommet lisse, obtus, brillant, d'un fauve pâle. — Ombilic étroit, très profond, bien évasé au dernier tour sous une forme elliptique, laissant voir en largeur à sa naissance un quart de la largeur totale de l'avant-dernier tour, et en longueur un tiers de la circonférence interne du même tour. — Ouverture très oblique, peu échancrée par l'avant-dernier tour, à bords assez rapprochés, d'un ovale arrondi; transversalement plus large que haute. — Péristome discontinu, droit, tranchant, légèrement épaissi intérieurement par un bourrelet blanchâtre ; bord inférieur subpatulescent ; bord columellaire un peu réfléchi sur l'ombilic.

DIMENSIONS. — Diamètre maximum : 10-12   millim.
Hauteur totale :   5-5 1/2 —

OBSERVATIONS. — De toutes les formes étroitement ombiliquées du groupe de l'*Helix Ileripensis*, c'est l'*Helix Pauli* qui présente le galbe le plus déprimé dans son ensemble. Chez quelques individus, de taillle moyenne, la spire est proportionnellement un peu plus élevée; c'est ce qu'indiquent bien les dimensions que nous donnons ci-dessus, puisque, pour une augmentation de 2 millimètres en diamètre, la hauteur croît de 1/2 millimètre seulement. Le dernier tour, chez cette coquille, affecte un galbe tout particulier: à sa naissance, il est subcaréné, avec une carène un peu supérieure; il paraît dans cette région presque aussi convexe en dessus qu'en dessous; mais, à mesure que l'on se rapproche de l'ouverture, la convexité du dessus restant sensiblement la même, celle du dessous est plus grande et la section transversale devient nécessairement de moins en moins elliptique, en même temps que l'ombilic paraît de plus en plus profond par suite du développement de la partie inférieure du tour dans cette région.

RAPPORTS ET DIFFÉRENCES. — L'*Helix Pauli*, dédié par M. Bourguignat à M. Paul Fagot, de Villefranche-Lauraguais, n'a aucun rapport avec les formes que nous avons eues à signaler jusqu'à présent. Nous aurons à le comparer ultérieurement avec les *Helix acentromphala*, *H. Mauriana* et *H. Coutagnei*.

HABITAT. — Peu commun, dans le quartier de Bareilles, aux environs de Villefranche-Lauraguais, dans la Haute-Garonne.

HELIX VALCOURTIANA, Bourguignat

Helix Valcourtiana, Bourguignat. 1875. *In Sched.*
  —   —   Servain, 1880. *Étude Moll. Esp. Port.*, p. 80.
  —   —   Locard, 1882. *Prodr. malac. franç.*, p. 110.

DESCRIPTION. — Coquille d'un galbe général subdéprimé-subconique, un peu conique-convexe en dessus, convexe en dessous. — Test solide, épais, crétacé, opaque, orné de stries longitudinales un peu fines, ordinairement bien régulières, assez rapprochées, un peu plus fortes en dessus qu'en dessous, atténuées vers l'ombilic; d'un jaune roux, le plus souvent monochrome, quelquefois avec des bandes brunes; bande supracarénale unique, continuée en dessus, largement flammulée sur tous les tours; bandes infracarénales en nombre très variable, parfois assez larges, continues ou discontinues, réduites à des taches ou à des points de plus en plus effacés vers l'ombilic. — Spire un peu conique, peu élevée, composée de cinq tours à cinq tours et demi, un peu convexes, séparés par une suture bien marquée. — Croissance spirale, lente et assez régulière, à peine plus rapide à l'extrémité du dernier tour. — Dernier tour un peu plus convexe en dessous qu'en dessus, s'arrondissant vers l'ouverture, légèrement subanguleux à sa naissance, sur une faible longueur; angulosité un peu supérieure et parfois comme émoussée. — Insertion du bord supérieur de l'ouverture un peu tombante sur une assez faible longueur. — Sommet lisse, obtus, brillant, d'un fauve un peu clair. — Ombilic étroit, profond, un peu évasé au dernier tour, sous une forme elliptique, laissant voir sur une faible largeur la circonférence interne de l'avant-dernier tour sur la moitié de sa longueur totale. — Ouverture un peu oblique, légèrement échancrée par l'avant-dernier tour, à bords très rapprochés, arrondie, à peine transversalement plus large que haute. — Péristome discontinu, droit, tranchant, épaissi intérieurement par un bourrelet blanchâtre ou un peu jaunâtre; bord inférieur subpatulescent; bord columellaire légèrement réfléchi sur l'ombilic.

DIMENSIONS. — Diamètre maximum : 8 1/2-10 millim.

Hauteur totale : 5-6 —

OBSERVATIONS. — Chez quelques individus, la spire paraît plus ou moins élevée, mais sans jamais atteindre la hauteur de celle de l'*Helix Veranyi*. Parfois elle s'affaisse un peu, et l'angulosité de la naissance du dernier tour est plus marquée. D'autres fois, au contraire, les tours de la spire, pour des sujets de même taille, s'étagent un peu plus et l'angulosité, quoique toujours bien visible, semble s'émousser davantage. De telles variations sont purement individuelles.

RAPPORTS ET DIFFÉRENCES. — Cette coquille, telle que nous venons de la définir, peut surtout être rapprochée comme nous allons le voir plus loin, de l'*Helix Veranyi*, qui vit dans la même région. On la distinguera toujours des formes précédentes à son ombilic déjà plus large. Rapprochée de l'*Helix Lieuranensis* de même taille, son ombilic est plus grand, et en outre, l'extrémité du dernier tour s'écarte un peu plus de l'axe de la coquille, à partir du commencement du dernier quart de ce tour. De plus, l'angulosité de la naissance du dernier tour est moins accusée, plus émoussée ; l'ouverture est moins exactement circulaire ; l'insertion du bord supérieur de l'ouverture est plus descendante ; les bords de l'ouverture sont plus rapprochés ; etc.

Habitat. — L'*Helix Valcourtiana* dédié au docteur Valcourt, de Cannes, a été signalée par le docteur G. Servain dans les alluvions du Guadalquivir, à Séville et à Cordoue, en Espagne. Nous ne le connaissons, en France, que dans le sud, et plus particulièrement dans le sud-est, où il n'est pas rare: Hyères, près de Toulon, et les environs de Draguignan, dans le Var ; Saint-Chamas, au Guéby, les environs de Marseille, dans les Bouches-du-Rhône ; Saint-Ambroix, dans le Gard ; Valence, dans la Drôme.

HELIX VERANYI, Bourguignat

Helix Veranyi, Bourguignat, 1877. *In Sched.*
   —   —   Servain, 1880. *Étude. Moll. Esp. Port.*, p. 83.
   —   —   Coutagne, 1881. *Notes faune malac. bassin du Rhône*, p. 14.
   —   —   Locard, 1882. *Prodr. malac. franç.*, p. 110.
   —   —   Kobelt, 1883. *In Nachrichtsb. malak.*, p. 9.

Description. — Coquille d'un galbe subdéprimé-conique, un peu conique en dessus, convexe en dessous. — Test solide, épais, crétacé, subopaque, orné de stries très fines, assez régulières, rapprochées, moins fortes en dessous qu'en dessus, obsolètes vers l'ombilic ; d'un blanc légèrement grisâtre, avec des bandes brunes assez larges, rarement découpées ; bande supracarénale unique, un peu large, continue en dessus, se détachant nettement sur un fond clair ; bandes infracarénales en nombre variable ; la plus haute ordinairement plus large que les autres, les plus proches de l'ombilic plus atténuées et quelquefois ponctuées. — Spire un peu conique, assez élevée, composée de cinq tours et demi à six tours, bien étagés, convexes surtout dans la partie supérieure du tour, séparés par une ligne suturale bien accusée. — Croissance spirale un peu lente et assez régulière. — Dernier tour aussi convexe en dessus qu'en dessous bien arrondi, jamais anguleux à la naissance. — Insertion du bord supérieur de l'ouverture très tombante, sur un quart environ de la longueur totale du dernier tour. — Sommet lisse, subobtus, brillant, d'un fauve foncé. — Ombilic étroit, profond, légèrement ovalisé au dernier tour, laissant voir sur une faible largeur les trois quarts de la longueur totale de la circonférence interne de l'avant-dernier tour. — Ouverture bien oblique, à bords très rapprochés, très légèrement échancrée par l'avant-dernier tour, à peine transversalement un peu plus large que haute. — Péristome discontinu, droit, tranchant, épaissi intérieurement par un bourrelet blanc; bord inférieur patulescent; bord columellaire réfléchi sur l'ombilic.

DIMENSIONS. — Diamètre maximum : 8-11 millim.
                 Hauteur totale :   6-8   —

OBSERVATIONS. —L'*Helix Veranyi* est une des formes les plus constantes du groupe de l'*Helix Heripensis ;* à part les variations que nous avons signalées dans sa taille, variations qui peuvent donner lieu à une var. *minor,* nous ne voyons que des modifications purement individuelles portant sur le plus ou moins d'élévation de la spire, et sur la direction plus ou moins tombante de l'extrémité du dernier tour.

L'ombilic, mesuré à l'intérieur de l'avant-dernier tour, est toujours très étroit, et dès lors l'*Helix Veranyi* pourrait prendre place près de l'*Helix Lieuranensis ;* mais, envisagé dans son ensemble, on voit qu'il est toujours non seulement plus grand que celui de cette dernière espèce, mais même encore un peu plus grand que celui de l'*Helix Valcourtiana.*

RAPPORTS ET DIFFÉRENCES. — On ne peut rapprocher l'*Helix Veranyi* que de l'*Helix Valcourtiana.* On le distinguera : à son galbe plus conique, sa spire étant plus élevée; à son dernier tour jamais même subanguleux à sa naissance, toujours bien arrondi et aussi convexe en dessus qu'en dessous; à ses tours supérieurs plus convexes et plus étagés; à son ouverture plus oblique; à l'insertion de l'extrémité du dernier tour toujours plus tombante; etc. Enfin si l'on veut tenir compte de l'ornementation, on constatera que ses stries sont toujours plus fines, moins accusées, et que son test est orné des bandes plus continues, plus larges, qui se détachent plus nettement sur un fond plus clair.

Il existe également quelques rapports entre l'*Helix Veranyi* et l'*Helix Diniensis ;* ces deux espèces ont une allure générale assez analogue, mais leurs caractères ombilicaux sont tellement différents qu'on ne saurait les confondre.

HABITAT. — L'*Helix Veranyi* paraît localisé dans le sud-est de la France. C'est une forme assez commune ; nous la connaissons dans les stations suivantes : Les environs d'Arles, Lamanon, Sulauze, Saint-Chamas, les environs de Marseille, dans les Bouches-du-Rhône ; les environs d'Avignon, Cucuron, dans Vaucluse ; Remoulins, dans le Gard ; etc.

HELIX SOLACIACA, J. Mabille

Helix striata et *H. fasciolata, pars auctorum.*
— *Solaciaca,* 1872. J. Mabille. *In Sched.* — 1877. *In Bull. Soc. Zool.,* p. 304.
— *fasciolata* (pars), Locard, 1878. *Malac. Lyonn.,* p. 45. — 1880. *Études variat. malac.,* I, p. 154.
— *Solaciaca,* Servain, 1880. *Étude moll. Esp. Port.,* p. 83.
— — Locard, 1882. *Prodr. malac. franç.,* p. 109.

DESCRIPTION. — Coquille d'un galbe général subdéprimé, subconique-déprimée en dessus, convexe en dessous. — Test solide, épais, crétacé, orné de stries longitudinales fines, assez rapprochées, assez régulières, aussi fortes en dessus qu'en dessous, à peine obsolètes vers l'ombilic ; d'un blanc grisâtre, passant au roux clair, le plus souvent monochrome ou avec quelques bandes infracarénales très effacées ; quelquefois avec une bande supracarénale unique, étroite, réduite à des taches ou à des points, et des bandes infracarénales multiples, étroites, presque toujours réduites à des taches ou à des flammes, comme effacées vers l'ombilic. —Spire convexe-subconique. composée de cinq à six tours légèrement convexes, séparés par une suture médiocrement profonde. — Croissance spirale d'abord lente, puis plus rapide au dernier tour ; dernier tour notablement plus convexe en dessous qu'en dessus à sa naissance, s'arrondissant à son extrémité, subanguleux à sa naissance sur une longueur égale à la moitié du tour ; angulosité bien marquée, supérieure. —Insertion du bord supérieur de l'ouverture légèrement tombante à son extrémité et sur une faible longueur. — Sommet subobtus, lisse, brillant, d'un fauve clair. — Ombilic assez étroit, profond, s'évasant légèrement au dernier tour sous une forme ellipsoïde, et laissant voir sur une faible largeur un peu plus de la moitié de la longueur totale de la circonférence interne de l'avant-dernier tour. — Ouverture oblique, à bords assez rapprochés, légèrement échancrée par l'avant-dernier tour, arrondie, transversalement un peu plus large que haute. — Péristome discontinu, droit, tranchant, épaissi intérieurement par un bourrelet blanchâtre ; bord inférieur subpatulescent ; bord columellaire légèrement réfléchi sur l'ombilic.

DIMENSIONS. — Diamètre maximum :   8-14 millim.
Hauteur totale :   . 4 1/2-6 1/2 millim.

OBSERVATIONS. — Les variations que nous avons observées chez cette espèce sont, en dehors de la taille qui permet de constituer une var. *minor* bien définie, à peu près exclusivement basée sur le plus ou moins d'angulosité du dernier tour à sa naissance, et sur le plus ou moins de convexité du dernier tour à son extrémité. Ces variations nous ont toujours paru purement individuelles. L'angulosité du dernier tour à sa naissance est très nette, très visible, et constitue un des caractères les plus précis pour cette espèce ; mais cette angulosité est variable, quant à sa longueur. La convexité du dernier tour dans sa partie inférieure, convexité qui va en croissant à mesure que l'on se rapproche de l'ouverture est un autre caractère bien constant chez cette espèce ; son plus ou moins d'intensité a pour effet de faire un peu varier les caractères ombilicaux ; lorsque cette convexité est très prononcée, l'ombilic paraît nécessairement plus étroit et plus profond.

RAPPORTS ET DIFFÉRENCES. — L'*Helix Solaciaca* ne peut être rapproché que des *Helix Heripensis* et *H. Loroglossicola*. En traitant de ces deux espèces, nous établirons les différences qui les distinguent.

HABITAT. — L'*Helix Solaciaca* vit parfois avec les *Helix Heripensis* et *H. Loroglossicola ;* parfois aussi il constitue des colonies isolées ; il paraît localisé dans la France septentrionale et centrale ; il est plus rare dans le midi : les environs de Paris, Arcueil, Saint-Denis, dans la Seine ; Lagny, dans Seine-et-Marne ; Neufchatel-en-Bray, dans la Seine-Inférieure ; les environs de Lyon, sur les bords du Rhône et dans les alluvions du fleuve ; Pézenas, dans l'Hérault ; etc.

HELIX LOROGLOSSICOLA, J. Mabille

Helix striata et *H. fasciolata, pars auct.*
-    *Loroglossicola,* J. Mabille, 1872. *In Sched.* — 1877. *In Bull. Soc. Zool.*, p. 304.
-    —   Servain, 1880. *Étude moll. Esp. Port.*, p. 83.
-    *fasciolata* (pars), Locard, 1877. *Malac. Lyonn.*, p. 45. — 1880. *Études variat. malac.*, p. 154.
-    *Loroglossicola,* Locard, 1881. *Catal. moll. Lagny*, p. 20. — 1882. *Prodr. malac. franç.*, p. 108.

DESCRIPTION. — Coquille d'un galbe général déprimé-convexe ; dé-

primée en dessus, bien convexe en dessous. — Test solide, épais, crétacé,
orné de stries longitudinales un peu fines, un peu rapprochées, presque
régulières, aussi fortes en dessus qu'en dessous, un peu obsolètes vers
l'ombilic ; d'un blanc grisâtre ou d'un roux jaunâtre, le plus souvent
monochrome, quelquefois avec des bandes d'un brun clair, étroites, en
nombre variable ; bande supracarénale unique, non continue sur les premiers tours ; bandes infracarénales rarement continues, réduites à des
taches ou à des points, souvent comme effacées dans la région ombilicale.
— Croissance spirale d'abord lente et régulière, devenant plus rapide au
dernier tour vers l'ouverture. — Spire peu élevée, légèrement convexe,
composée de cinq tours et demi à six tours assez convexes, séparés par
une ligne suturale bien marquée.—Dernier tour plus convexe en dessous
qu'en dessus à sa naissance, devenant plus renflé et plus globuleux infé-
rieurement, à mesure que l'on se rapproche de l'ouverture, légèrement
subanguleux à sa naissance et sur une faible longueur, angulosité
parfois émoussée. — Insertion du bord supérieur de l'ouverture presque
rectiligne ou à peine tombante à son extrémité. — Sommet très obtus,
lisse, brillant, d'un fauve pâle. — Ombilic étroit, très profond, s'élargissant fortement au dernier tour sous une forme elliptique, laissant voir
l'avant-dernier tour à sa naissance sur un tiers de sa largeur, et sur
environ la moitié de la longueur totale de sa circonférence interne. —
Ouverture oblique, à bords peu rapprochés, médiocrement échancrée par
l'avant-dernier tour, bien arrondie, aussi haute que large. — Péristome
discontinu, droit, tranchant, un peu épaissi intérieurement ; bord inférieur légèrement subpatulescent ; bord columellaire un peu infléchi vers
l'ombilic.

DIMENSIONS. — Diamètre maximum : 12-14 millim.
                    Hauteur totale :   4 1/2-5 —

OBSERVATIONS. — L'*Helix Loroglossicola* appartient par ses caractères
généraux au sous-groupe des déprimées ; mais il est plus particulièrement
caractérisé par sa spire peu élevée, tandis que le dessous de la coquille
est bien convexe et devient encore même plus convexe à mesure que l'on
se rapproche de l'ouverture. De toutes les espèces à ombilic moyen du
groupe de l'*Helix Heripensis*, c'est celui dont l'ombilic a la forme la
plus ellipsoïdale ; en effet, si le diamètre de l'ombilic, à la naissance de
l'avant-dernier tour est représenté par 1, il est comme 3 à la naissance
du dernier tour. Enfin, la convexité de ces tours est telle qu'au dernier

tour, la surface supérieure sur la dernière moitié est à peine plus basse
que l'avant-dernier tour.

Quant aux variations que peut présenter cette coquille, elles sont purement individuelles ; elles portent d'abord sur le plus ou moins d'angulosité du dernier tour à sa naissance, angulosité tantôt presque obsolète,
tantôt plus accusée et visible sur un tiers de la longueur totale du tour.
Nous constaterons également une certaine irrégularité dans le plus ou
moins de développement de la partie inférieure du dernier tour, qui
n'en est pas moins toujours très renflé. Enfin, dans la même colonie,
on trouve quelques sujets dont la spire est un peu moins déprimée que
chez le type.

RAPPORTS ET DIFFÉRENCES. — L'*Helix Loroglossicola* ne peut être rapproché que des *Helix Solaciaca* et *H. Heripensis*. Nous nous occuperons
plus loin des caractères distinctifs de ces trois formes prises dans leur
ensemble. Comparé à l'*Helix Solaciaca*, on voit que son galbe est beaucoup plus déprimé en dessus, tandis que le dessous est encore plus
convexe, surtout vers l'ouverture ; son dernier tour est plus relevé par
rapport à l'avant-dernier ; en outre, sa direction, à l'insertion aperturale
est plus supérieure et moins tombante ; son ouverture est plus arrondie,
avec des bords moins rapprochés ; son dernier tour est plus dilaté à
l'extrémité. D'autre part, si quelques individus sont également subanguleux à la naissance du dernier tour, cette angulosité est moins prononcée
et toujours visible sur une moins grande longueur. Lorsqu'ils vivent dans
les mêmes milieux, l'*Helix Loroglossicola* est presque toujours de taille
plus forte que l'*Helix Solaciaca*. Enfin, même à taille égale, son ombilic,
au dernier tour, a une section plus elliptique.

HABITAT. — On trouve souvent ensemble les *Helix Heripensis*, *H. Solaciaca* et *H. Loroglossicola ;* plus rarement l'*Helix Thuillieri* vit avec eux.
Mais on rencontre aussi ces différentes formes dans des colonies isolées
et bien définies. Nous avons constaté la présence de l'*Helix Loroglossicola*
dans les stations suivantes : les environs de Paris, Arcueil, Boulogne,
Saint-Denis, dans la Seine ; Neufchâtel-en-Bray, dans la Seine-Inférieure ;
les environs de Lyon, sur les bords du Rhône et dans les alluvions du
fleuve ; Beausemblant dans la Drôme ; — la var. *minor* : les Rivières, près
de Lyon ; Saint-Nazaire, dans le Var ; etc.

C. — Coquilles à ombilic moyen

HELIX GESOCRIBATENSIS, Bourguignat

Helix Gesocribatensis, Bourguignat, 1877. *In Sched.*
   —   —   Servain, 1880. *Étude moll. Esp. Port.*, p. 83.
   —   —   Locard, 1880. *Études variat. malac.*, I, p. 157. — 1881. *Cat. moll.*
                        de l'Ain, p. 53. — 1881. *Catal. moll. Lagny*, p. 21. — 1882. *Prodr.*
                        malac. franç., p. 107.
   —   —   Kobelt, 1883. *In Nachrichtsb. malak.*, p. 9.

DESCRIPTION. — Coquille d'un galbe général conique-globuleux, bien conique en dessus, bien convexe en dessous. — Test solide, épais, crétacé, à peine subopaque, orné de stries un peu fines, assez régulières, presque aussi fortes en dessus qu'en dessous, à peine obsolètes dans la région ombilicale; d'un blanc grisâtre ou jaunâtre, parfois un peu plus teinté vers l'ouverture ; tantôt monochrome, tantot fascié de bandes brunes un peu foncées, étroites ; bande supracarénale unique, continue en dessus ; bandes infracarénales en nombre très variable, parfois continues, souvent ponctuées, ou même très atténuées vers l'ombilic. — Spire conique, assez élevée, composée de cinq tours à cinq tours et demi, bien convexes, bien étagés, séparés par une ligne suturale médiocrement profonde. — Croissance spirale lente, presque régulière, le dernier tour à peine proportionnellement plus grand. — Dernier tour arrondi ou parfois légèrement subanguleux à sa naissance sur une faible longueur; angulosité émoussée. — Insertion du bord supérieur de l'ouverture à peine tombante à son extrémité, sur une très faible longueur. — Sommet lisse, subobtus, brillant, de même coloration que les bandes, d'un roux pâle chez les sujets monochromes. — Ombilic moyen, un peu étroit, profond, un peu évasé au dernier tour, laissant voir sur une faible largeur près des trois quarts de la longueur totale de la circonférence interne de l'avant-dernier tour. — Ouverture bien oblique, à bords convergents, un peu rapprochés, médiocrement échancrée par l'avant-dernier tour, presque exactement circulaire. — Péristome droit, mince, tranchant, légèrement bordé à l'intérieur ; bord inférieur subpatulescent ; bord columellaire à peine réfléchi sur l'ombilic.

DIMENSIONS. — Diamètre maximum : 8-11   millim.
             Hauteur totale :   5-6 1/2 —

OBSERVATIONS. — De toutes les coquilles du groupe de l'*Helix Heripensis* c'est l'*Helix Gesocribatensis* qui présente le galbe le plus conique-globuleux ; ses caractères sont très constants ; quoique nous ayons examiné des individus appartenant à des colonies très éloignées les unes des autres, nous n'avons pu y constater que des variations individuelles basées sur le plus ou moins de conicité de la spire, comme aussi sur la plus ou moins grande profondeur de la ligne suturale. A Sastre, près de Bondonneau, dans la Drôme, les tours supérieurs sont moins convexes et la suture à peine profonde ; nous n'avons pas eu en mains assez d'échantillons pour savoir si c'est là un fait individuel ou s'appliquant à toute une colonie. Disons seulement que dans une autre station du même département, on retrouve le véritable type.

RAPPORTS ET DIFFÉRENCES. — Si l'on vient à grouper les formes affines de l'*Helix Heripensis* d'après le galbe, on peut rapprocher l'*Helix Gesocribatensis* des *Helix Veranyi*, *H. Thuillieri* et *H. nomephila*. Mais on le distingue toujours par son galbe bien plus globuleux et bien plus conique. Nous aurons, du reste, occasion de revenir plus loin sur ces caractères différentiels.

HABITAT. — L'*Helix Gesocribatensis* ne paraît pas très commun ; mais c'est en revanche une forme assez dispersée. Nous le connaissons dans les localités suivantes : Jaulgonne, dans l'Aisne ; Lagny, Carnetin, Pomponne, dans Seine-et-Marne ; Arcis-sur-Aube, dans l'Aube ; Brest, dans le Finistère ; les environs de Nantes, dans la Loire-Inférieure ; le Puy-en-Velay, dans la Haute-Loire ; les allées du parc du château de l'Aumusse dans l'Ain ; les environs de Mâcon, dans Saône-et-Loire ; les environs de Lyon, sur les bords du Rhône, et dans les alluvions du fleuve ; Sastre, près de Bondonneau, Beausemblant, dans la Drôme ; Lamalou, dans l'Hérault ; etc.

HELIX LUGDUNIACA, J. Mabille

Helix unifasciata (pars), Locard, 1877. *Malac. Lyonnaise*, p. 44.
 — *fasciolata* (pars), Locard, 1881. *Études var. malac.*, I, p. 154.
 — *Lugduniaca*, J. Mabille, 1882. *In Locard, Prod. malac. franç.*, p. 109 et 334.

DESCRIPTION. — Coquille d'un galbe général subdéprimé-convexe, subconique-déprimée en dessus, un peu convexe en dessous. — Test solide, épais, subcrétacé, subopaque, orné de stries assez fines, irrégulières, aussi fortes en dessus qu'en dessous, obsolètes vers l'ombilic; d'un jaune terreux, rarement monochrome, le plus souvent avec une bande supra carénale brune continue en dessus, large, unie ou flammulée, et une ou plusieurs bandes infracarénales, tantôt soudées entre elles, tantôt plus ou moins distinctes. — Spire légèrement subconique, composée de quatre à cinq tours à profil convexe, séparés par une ligne suturale bien marquée. — Accroissement spiral lent et assez régulier, à peine plus rapide au dernier tour. — Dernier tour arrondi à son extrémité, un peu plus convexe en dessous qu'en dessus à la naissance, légèrement subanguleux; angulosité visible sur la moitié de la circonférence externe du dernier tour, mais très émoussé. — Insertion du bord supérieur de l'ouverture légèrement tombante et sur une très faible longueur. — Sommet suboblus, lisse, brillant, d'une couleur fauve un peu foncée. — Ombilic moyen, un peu étroit, profond, légèrement évasé au dernier tour sous une forme ellipsoïde, laissant voir dans une faible largeur environ la moitié de la circonférence interne de l'avant-dernier tour. — Ouverture peu oblique, à bords très convergents, faiblement échancrée par l'avant-dernier tour, arrondie, transversalement un peu plus large que haute. — Péristome discontinu, droit, tranchant, bordé à l'intérieur d'un fort bourrelet blanchâtre; bord inférieur patulescent; bord columellaire très court, réfléchi sur l'ombilic, relié presque à angle droit avec le bord inférieur.

Dimensions. — Diamètre maximum : 6-7 millim.

Hauteur totale :　　　3-4　　—

Observations. — L'*Helix Lugduniaca* est toujours de taille assez petite; sa forme est sensiblement constante; les variations individuelles que l'on peut observer portent surtout sur le plus ou moins d'élévation de la spire, et sur la forme plus ou moins subarrondie de l'ouverture. L'ornementation est très remarquable; le plus souvent elle consiste en deux larges bandes, l'une infracarénale, l'autre supracarénale, très brunes, qui laissent, vers la suture et sur la carène, un mince filet plus clair, très net, tandis que, vers la région ombilicale, cette bande s'atténue et semble se fondre avec le fond plus clair de la coquille.

Rapports et différences. — L'*Helix Lugduniaca* sert en quelque sorte de passage entre le groupe de l'*Helix Heripensis* et le groupe de l'*Helix unifasciata* (1), mais tout en conservant cependant plus de rapports avec

---

(1) *Helix unifasciata*, Poiret, 1801. *Coq. fluv. et terr. de l'Aisne*, *Prodr.*, p. 41. — Locard, 1882. *Prodr. malac. franç.*, p. 111.

le groupe de l'*Heripensis*. Comparé à l'*Helix unifasciata*, il en diffère par un galbe moins globuleux ; par sa spire moins conoïde; par son dessous moins convexe ; par ses tours à profil plus arrondi, plus convexe, séparés par une ligne suturale plus profonde ; par le profil de son dernier tour moins convexe en dessous à la naissance, plus subanguleux ; par son ouverture un peu moins arrondie ; etc.

Enfin on peut également le rapprocher des *Helix Tolosana*, *H. Lieuranensis*, *H. Pouzouensis*, avec lesquels il a quelque analogie; mais son galbe général, la forme de son dernier tour, la disposition de son ouverture et ses caractères ombilicaux le feront facilement distinguer.

HABITAT. — Le type de l'*Helix Lugduniaca* avait été récolté au mont Ceindre, près de Lyon ; depuis lors, nous avons retrouvé cette même espèce dans un grand nombre de stations, aux environs de Lyon : le mont d'Or lyonnais, Francheville, Oullins, Villeurbanne, le Moulin-à-Vent, Saint-Fons, etc., dans le Rhône ; Solutré, les environs de Mâcon, etc., dans Saône-et-Loire ; l'Aumusse, dans l'Ain ; Sablonnières, Crémieux, Saint-Victor, dans l'Isère ; Coux, près Privas, dans l'Ardèche ; Estaing, dans l'Aveyron ; Thionville, près Metz ; etc.

HELIX PHILORA, Bourguignat

Helix Philora, Bourguignat, 1882. *Mss.*

DESCRIPTION. — Coquille d'un galbe général subglobuleux-déprimé, un peu convexe-subconique en dessus, bien convexe en dessous. — Test solide, épais, subcrétacé, subopaque, orné de stries longitudinales assez fortes, assez régulières, un peu moins marquées en dessous qu'en dessus, atténuées dans la région ombilicale; d'un jaune roux, terreux, avec des bandes ornementales brunes ; bande supracarénale large, continue en dessus, souvent flammulée vers la suture; bandes infracarénales soudées ou discontinues, flammulées, comme effacées vers l'ombilic. — Spire légèrement subconique, composée de cinq tours à cinq tours et demi, à profil bien convexe, un peu étagés, séparés par une suture profonde. — Accroissement spiral lent et régulier, à peine un peu plus rapide à l'extrémité du dernier tour. — Dernier tour arrondi, presque aussi convexe en dessus qu'en dessous, non anguleux à sa naissance. — Insertion du bord supérieur de l'ouverture assez tombante, mais sur une faible longueur.

— Sommet obtus, lisse, brillant, d'un fauve un peu foncé. — Ombilic moyen, profond, légèrement évasé au dernier tour sous une forme ovalaire, laissant voir sur une faible largeur environ les deux tiers de la longueur totale de la circonférence interne de l'avant-dernier tour. — Ouverture à bords un peu convergents, assez rapprochés, un peu échancrée par l'avant-dernier tour, à peu près exactement circulaire. — Péristome discontinu, mince, tranchant, fortement épaissi intérieurement par un bourrelet blanchâtre ; bord inférieur patulescent ; bord columellaire très court, réfléchi sur l'ombilic.

DIMENSIONS. — Diamètre maximum :   8-9   millim.
            Hauteur totale :   4 1/2-5 1/2 millim.

OBSERVATIONS. — L'*Helix philora* a une ornementation tout à fait analogue à celle de l'*Helix Lugduniaca* ; ce que nous avons dit à propos de cette dernière espèce s'applique donc également à celle-ci. Quoique nous n'en connaissions encore qu'un petit nombre d'individus appartenant à des colonies différentes, c'est néanmoins une forme constante.

RAPPORTS ET DIFFÉRENCES. — On ne peut guère rapprocher l'*Helix philora* que de l'*Helix Lugduniaca* ; on distinguera la première de ces espèces : à sa taille plus grande ; à son galbe général plus globuleux, surtout plus convexe en dessous ; à ses tours plus arrondis, plus étagés ; à son dernier tour plus gros, plus rond, non anguleux à sa naissance ; à sa suture plus profonde ; à son ouverture plus arrondie ; à l'insertion du bord supérieur de l'ouverture plus tombant ; à son ombilic laissant voir à largeur égale une plus grande longueur de la circonférence interne de l'avant-dernier tour ; etc.

HABITAT. — L'*Helix philora* paraît assez rare ; il vit avec l'*Helix Lugduniaca ;* le type qui nous a été communiqué par M. Bourguignat provenait du mont Ceindre, près de Lyon ; nous l'avons reconnu dans plusieurs autres stations du département du Rhône ; le mont d'Or lyonnais, Villeurbanne, près de Lyon et Saint-Fons ; les allées du parc du château de l'Aumusse, près de Mâcon, dans l'Ain.

HELIX THUILLIERI, J. Mabille

Helix striata et *H. fasciolata, pars* auct.
  — *Thuillieri*, J. Mabille, 1872, *in Sched.* — 1877. *In Bull. Soc. Zool.*, p. 304.

Helix fasciolata ((pars, Locard, 1877. *Malac. Lyonnaise*, p. 45. — 1880. *Études variat. malac.*, I, p. 154.

— *Thuillieri*, Servain, 1880. *Étude moll. Esp. Port.*, p. 83.

— — Locard, 1881. *Catal. moll. de Lagny*, p. 20. — 1882. *Prodr. malac. franç.*, p. 107.

DESCRIPTION. — Coquille d'un galbe général subconique-convexe, subconique en dessus, convexe en dessous. — Test solide, épais, crétacé, subopaque, orné de stries longitudinales un peu fines, assez régulières, très rapprochées, aussi fortes en dessus qu'en dessous, un peu obsolètes vers l'ombilic ; d'un blanc grisâtre ou jaunâtre, avec des bandes brunes ou fauves, assez étroites, en nombre variable ; bandes supracarénales peu nombreuses, continues en dessus et comme flammulées ; bandes infracarénales en nombre très variable, tantôt continues, tantôt réduites à des taches ou à des points, toujours comme effacées dans la région ombilicale. — Spire conique, composée de cinq tours et demi à six tours, bien arrondis, un peu étagés, séparés par une ligne suturale assez profonde. — Croissance spirale lente et presque régulière, le dernier tour ne devenant proportionnellement plus grand qu'à son extrémité. — Dernier tour bien arrondi à sa naissance, jamais anguleux, mais un peu comprimé, aussi convexe en dessus qu'en dessous, devenant plus circulaire, à mesure que l'on se rapproche de l'ouverture, et par conséquent, paraissant plus convexe dans cette région. — Insertion du bord supérieur de l'ouverture bien tombante, sur une longueur sensiblement égale au cinquième de la longueur totale de la circonférence externe du dernier tour. — Sommet subobtus, lisse, brillant, d'un fauve clair, comme les flammulations ornementales. — Ombilic moyen, profond, évasé au dernier tour, sous une forme ovalaire, de manière à laisser voir sur une assez faible largeur environ les deux tiers de la circonférence interne de l'avant-dernier tour. — Ouverture oblique à bords assez convergents, faiblement échancrée par l'avant-dernier tour, presque circulaire, ou à peine transversalement plus large que haute. — Péristome droit, mince, tranchant, à peine épaissi intérieurement ; bord inférieur très légèrement patulescent ; bord columellaire très légèrement réfléchi sur l'ombilic.

DIMENSIONS. — Diamètre maximum : 10-12 millim.

Hauteur totale :   6-7   —

OBSERVATIONS. — L'*Helix Thuillieri* est toujours une forme bien constante dans son allure ; sa taille seule varie. On peut établir une var.

minor pour certaines colonies dans lesquelles les coquilles ne dépassent pas 10 millimètres de diamètre maximum. Mais les autres caractères restent absolument les mêmes. M. J. Mabille a assigné à cette coquille, dans la description qu'il en a donnée, des diamètres de 17 et 18 millimètres. De telles dimensions représentent des formes extrêmes et sont certainement fort rares ; la moyenne des échantillons variant entre 10 et 12 millimètres seulement.

Dans la var. *minor,* on observe parfois des colonies chez lesquelles l'ombilic de quelques sujets est proportionnellement un peu plus large au dernier tour ; ce tour est visible à sa naissance sur une plus grande largeur. Mais ce sont là des modifications plutôt individuelles. Cependant nous devons constater que, chez l'*Helix Thuillieri,* les dimensions de l'ombilic ne croissent pas proportionnellement avec la taille ; ce sont, au contraire, les formes les plus petites qui semblent avoir en général l'ombilic le plus grand.

L'ornementation varie peu dans son ensemble ; le dessus de la coquille est presque toujours flammulé ou marbré ; la bande supracarénale est visible sur tous les tours, et de sa partie supérieure se détachent des flammules qui s'étendent parfois jusqu'à la ligne suturale, à la façon de l'*Helix conspurcata.* Quant aux bandes infracarénales, elles sont toujours plus étroites et en nombre très variable.

Rapports et différences. — Par son galbe subconique, l'*Helix Thuillieri* peut être rapproché des *Helix Veranyi* et *H. Gesocribatensis.* En thèse générale, il est toujours plus grand que ces deux espèces, surtout que la dernière ; mais quelques individus de la var. *minor* peuvent être confondus avec ces deux formes. On distinguera l'*Helix Thuillieri* de l'*H. Veranyi :* à sa spire proportionnellement plus convexe, l'angulosité du sommet étant plus grande ; à sa partie inférieure également un peu plus convexe, surtout dans la région aperturale ; à son ombilic toujours plus grand, et laissant cependant voir une moins grande longueur de la circonférence interne de l'avant-dernier tour ; à l'insertion du bord supérieur de l'ouverture beaucoup moins tombante ; à son ouverture moins oblique, avec un bord inférieur moins patulescent ; à son péristome plus mince, moins bordé ; etc.

Comparé à l'*Helix Gesocribatensis* de même taille, on le distinguera : à son galbe moins globuleux, avec le dessus moins conique pour une égale convexité du dessous ; à son dernier tour bien arrondi à sa naissance ; à ses tours supérieurs moins étagés, séparés par une ligne suturale plus profonde ; à son ombilic un peu plus large ; à son dernier tour moins tombant à sa naissance ; à son péristome moins bordé, moins patulescent ; etc.

Habitat. — L'*Helix Thuillieri* vit, soit en colonies distinctes et souvent très populeuses, soit mêlé à d'autres colonies du même groupe. On le trouve dans presque toute la France ; mais il est plus particulièrement typique dans le nord et dans l'est ; au-dessous de Lyon, il devient plus petit. Nous l'avons observé dans les stations suivantes : les environs de Paris, Arcueil, Gentilly, Saint-Denis, Boulogne, etc., dans la Seine ; Lagny, dans Seine-et-Marne ; Yvetot, dans la Seine-Inférieure ; les Noës, près de Troyes, dans l'Aube ; le Puy-en-Velay, dans la Haute-Loire ; Orléans, dans le Loiret ; les environs de Nantes, dans la Loire-Inférieure ; les environs de Lyon, sur les bords du Rhône, Saint-Fons, les Rivières, etc., dans le Rhône ; Feyzin, dans l'Isère ; Saint-Paul-Trois-Châteaux, Beausemblant, dans la Drôme ; Dignes, dans les Basses-Alpes ; etc. — Var. *minor:* Les environs de Lagny, dans Seine-et-Marne ; l'Aumusse, près de Mâcon, dans l'Ain ; les alluvions du Rhône, près de Lyon ; Beausemblant, dans la Drôme ; Valréas, dans Vaucluse ; les environs de Marseille, dans les Bouches-du-Rhône ; Montgiscart, les environs de Villefranche-Lauraguais, dans la Haute-Garonne ; Lectoure, dans le Gers ; Nant, dans l'Aveyron ; Sallèles-Cabardès, dans l'Aude ; etc.

HELIX NOMEPHILA, Bourguignat

Helix nomephila, Bourguignat, 1877. *Mss.*
   —   —   Servain, 1880. *Étude moll. Esp. Port.*, p, 83.
   —   —   Locard, 1882. *Prodr. malac. Franç.*, p. 109 et p. 334.

Description. — Coquille d'un galbe subdéprimé-globuleux, presque aussi convexe en dessus qu'en dessous. — Test solide, épais, crétacé, à peine subopaque, orné de stries longitudinales un peu irrégulières, assez fortes, atténuées vers l'ombilic ; d'un jaune roux, rarement monochrome, le plus souvent avec des bandes brunes en nombre variable ; bande supra-carénale continue en dessus, unie ou flammulée ; bandes infracarénales multiples, parfois réduites à des taches ou à des points, surtout dans la région ombilicale. — Spire convexe, un peu élevée, composée de cinq tours et demi, bien convexes, séparés par une suture assez profonde. — Croissance spirale régulière, peu rapide, le dernier tour à peine

plus grand vers son extrémité. — Dernier tour arrondi à sa naissance, plus bombé en dessous qu'en dessus, se régularisant et s'arrondissant vers l'extrémité aperturale. — Insertion du bord supérieur de
l'ouverture descendant longuement et lentement sur environ un quart de
la circonférence interne du dernier tour. — Sommet lisse, obtus, brillant, d'un fauve un peu plus teinté que les bandes ornementales. —
Ombilic moyen, profond, assez évasé au dernier tour, laissant voir sur
une assez faible largeur la moitié de la circonférence interne de l'avant-
dernier tour. — Ouverture oblique, à bords assez rapprochés, bien
convergents, faiblement échancrée par l'avant-dernier tour, presque exactement circulaire. — Péristome droit, tranchant, fortement bordé à l'intérieur ; bord inférieur très légèrement patulescent ; bord columellaire
à peine réfléchi sur l'ombilic.

Dimensions. — Diamètre maximum : 8-10 millim.
      Hauteur totale :   5 1/3-5 3/4 millim.

Observations. — L'*Helix nomephila* est caractérisé plus particulièrement par son galbe général presque aussi convexe en dessus qu'en
dessous, correspondant à une allure semi-globuleuse. Mais, parfois, la
spire tend à s'affaisser et le dessus de la coquille est alors un peu plus
déprimé ; parfois aussi, le dernier tour, qui, dans le type, est bien arrondi
à sa naissance, quoique un peu plus convexe en dessous qu'en dessus,
peut paraître subanguleux dans cette partie de la coquille. C'est dans ces
conditions que M. Bourguignat a été conduit à créer deux variétés chez
cette espèce (1) ; nous ajouterons une troisième variété également basée
sur le galbe.

Var. B, *angulata*. — Dernier tour subanguleux à l'origine.

Var. C, *depressa*. — Spire très déprimée, dernier tour subanguleux
à l'origine.

Var. D, *globulosa*. — Coquille de taille plus petite, d'un galbe plus
globuleux avec des tours de spire un peu moins convexes.

Rapports et différences. — De toutes les formes que nous venons de
décrire jusqu'à présent, nous ne voyons que les *Helix Gesocribatensis* et
H. Thuillieri, var. *minor*, qui puissent être confondus avec l'*Helix nome-*
phila. On le distinguera très facilement de l'*Helix Gesocribatensis* à son
galbe beaucoup moins conique, à sa spire moins élevée, à ses tours moins

___

(1) Bourguignat, *in* Locard, 1882. *Prodr. malac. franç.*, p. 384.

étagés, plus convexes, séparés par une suture plus accusée. Comparé à la var. *minor* de l'*Helix Thuillieri*, on le distinguera à son galbe sub-déprimé globuleux et non pas subconique ; chez l'*Helix nomephila*, le dessus de la coquille est moins conique, tandis que le dessous est proportionnellement plus convexe, de là cette forme semi-globuleuse si caractéristique ; on le distinguera, en outre : à ses stries plus grossières, plus espacées, moins régulières ; à son dernier tour tombant sur une plus grande longueur ; à son ombilic un peu moins évasé, laissant voir une moins grande longueur de la circonférence interne de l'avant-dernier tour ; à son ouverture plus arrondie ; etc.

Habitat. — C'est une forme peu commune, mais répandue un peu partout ; on la trouve dans les stations suivantes ; le type : Vauchonvillers, près Vendeuvre-sur-Barse, dans l'Aube ; Fontainebleau, dans Seine-et-Marne ; l'Aumusse, près de Mâcon, dans l'Ain ; Crépieux, dans le Rhône ; le Faget, dans la Haute-Garonne ; — var. *angulata :* Fontainebleau, dans Seine-et-Marne ; le bois de Boulogne, à Paris ; — var. *depressa :* Gèdre, dans la vallée de Gavarnie, dans les Hautes-Pyrénées : — var. *globulosa :* Montgiscart, dans la Haute-Garonne.

HELIX HERIPENSIS, J. Mabille

Helix striata et *H. fasciolata, pars auct.*
—   Heripensis, J. Mabille, 1872. *In Sched.* — 1877. *In Bull. Soc. Zool.*, p. 304.
—   —   Servain, 1880. *Étude moll. Esp. Port.*, p. 83.
—   —   Locard, 1880. *Étud. variat. malac.*, I, p. 158 et II, p. 547. — 1882. *Catal moll. de l'Ain*, p. 53. — 1881. *Catal. moll. de Lagny*, p. 20. — 1882. *Prodr. malac. franç.*, p. 107.
—   —   Kobelt, 1883. *In Nachrichtsb. malak.*, p. 9.

Description. — Coquille d'un galbe général subdéprimé, un peu déprimée en dessus, convexe en dessous. — Test solide, épais, crétacé, orné de stries fines, un peu rapprochées, assez régulières, aussi fortes en dessus qu'en dessous, un peu obsolètes dans la région ombilicale ; d'un blanc grisâtre passant au roux clair, quelquefois monochrome, le plus souvent avec des bandes en nombre variable, étroites, d'un roux plus foncé ; bande supracarénale unique, presque toujours réduite à des taches ou à des flammes ; bandes infracarénales multiples, mais en nombre très variable, souvent réduites à des taches ou à des points, parfois comme effacées vers l'ombilic. — Spire subdéprimée, un peu convexe, composée

de cinq tours et demi à six tours, largement convexes, séparés par une
suture moyennement profonde. — Croissance spirale lente, régulière, à
peine plus rapide à l'extrémité du dernier tour. — Dernier tour arrondi,
presque aussi convexe en dessus qu'en dessous, jamais subanguleux à
sa naissance. — Insertion du bord supérieur du dernier tour légèrement
tombante à son extrémité. — Sommet subobtus, lisse, brillant, d'un fauve
clair. — Ombilic moyen, profond, assez évasé au dernier tour sous une
forme elliptique, laissant voir environ la moitié de la longueur totale de
la circonférence interne de l'avant-dernier tour. — Ouverture oblique, à
bords assez rapprochés, médiocrement échancrée par l'avant-dernier
tour, arrondie, à peine transversalement un peu plus large que haute.—
Péristome discontinu, droit, tranchant, épaissi intérieurement par un
bourrelet blanchâtre ; bord inférieur subpatulescent ; bord columellaire
assez fortement réfléchi sur l'ombilic.

DIMENSIONS. — Diamètre maximum : 8-15   millim.
        Hauteur totale :   5 1/2-7   —

OBSERVATIONS. — Comme nous l'avons dit dans notre introduction,
c'est une telle forme que nous avons cru devoir, avec MM. Bourguignat
et J. Mabille, admettre comme type du groupe. En effet, si l'on envisage
la somme des caractères extrêmes de toutes les espèces comprises dans
ce groupe, c'est incontestablement l'*Helix Heripensis* qui en représente le
plus exactement la moyenne. C'est, en outre, la forme la plus commune
et la plus répandue.

Cette coquille est certainement la plus anciennement connue du groupe ;
il est probable qu'elle n'a pas dû échapper aux observations de Poiret
et de Draparnaud. Mais, comme bien souvent on la rencontre avec les
Helix Solaciaca, H. Loroglossicola et *H. Thuillieri*, il est impossible de
savoir aujourd'hui quel était le véritable type de ces auteurs. C'est
également cette même coquille que Ferussac (1) a décrite et figurée sous
le nom d'*Helix striata*, dans son *Histoire des Mollusques*. Quant à la
figuration donnée par M. l'abbé Dupuy (2), elle paraît se rapporter davantage à l'*Helix Thuillieri*.

Son galbe, quoique en général assez constant, présente cependant
quelques variations qui s'appliquent à des colonies bien différentes. Parfois, en effet, le dernier tour, dans sa partie inférieure, est de plus en

<hr>

(1) Ferussac. *Hist. nat. moll.*, I, p. 163, pl. LXXXV.
(2) Dupuy. *Hist. moll.*, p. 278, tab. XIII, fig. a, b, c.

plus convexe à mesure que l'on se rapproche de l'ouverture ; dans de telles conditions, l'ombilic, tout en ayant à peu près le même diamètre maximum paraît nécessairement et plus étroit et plus profond ; l'avant-dernier tour s'y voit sur une même longueur de sa circonférence, mais sur une moindre largeur.

D'autre part, la taille de l'*Helix Heripensis* est très variable, et dans certaines colonies, elle constitue une véritable var. *minor*. Nous établirons donc les deux variétés suivantes :

Var. B, *subumbilicata*. — Coquille de taille assez forte, ou même de grande taille, avec le dernier tour plus convexe à son extrémité, et l'ombilic plus profond et moins large dans son ensemble.

Var. C, *minor*. — Coquille de même galbe que le type, mais dont le diamètre maximum ne dépasse pas de 8 à 10 millimètres.

Rapports et différences. — Par sa taille, comme par son galbe général, on ne peut rapprocher l'*Helix Heripensis* que des *Helix Solaciaca*, H. *Loroglossicola* et H. *Thuillieri*. On le distinguera à sa spire plus largement convexe ; à son dernier tour non subanguleux à sa naissance ; à son mode d'insertion supérieure de l'ouverture ; à son ombilic plus large, à son ouverture plus arrondie ; etc. Chez l'*Helix Heripensis*, la spire est toujours plus conique, plus élevée que chez l'*Helix Solaciaca* et H. *Loroglossicola;* mais elle est moins conique que chez l'*Helix Thuillieri*. Son dernier tour, comme chez cette dernière espèce, est toujours arrondi et non pas subanguleux comme chez les deux autres. L'insertion du bord supérieur de son ouverture est toujours plus tombante que chez les *Helix Solaciaca* et H. *Loroglossicola*, mais moins tombant que chez l'*H. Thuillieri*. Enfin, de ces quatre formes, c'est lui qui a l'ombilic le plus élargi.

Habitat. — On trouve l'*Helix Heripensis* dans presque toute la France ; mais il est plus abondant dans la France septentrionale et moyenne : les environs de Paris, Arcueil, Gentilly, Boulogne, Levallois-Perret, la plaine de Saint-Denis, etc., dans la Seine ; Argenteuil, dans Seine-et-Oise ; Lagny, Pomponne, Carnetin, Annet, etc., dans Seine-et-Marne ; l'Aisne, l'Aube ; les environs de Mâcon, dans Saône-et-Loire ; l'Aumusse, près Mâcon, Chavornay, dans l'Ain ; Saint Fons, les Rivières, le Moulin-à-Vent, près de Lyon ; les alluvions du Rhône, au nord de Lyon, dans le Rhône, l'Ain et l'Isère ; les environs de Grenoble, Solaize, dans l'Isère ; Aix-les-Bains, en Savoie ; Saint-Paul-Trois-Châteaux, Beausemblant,

dans la Drôme ; le Puy-en-Velay, dans la Haute-Loire ; les environs de
Digne, dans les Basses-Alpes ; Arles, les environs de Marseille, dans les
Bouches-du-Rhône ; Saint-Antonin, dans le Tarn-et-Garonne ; Marve-
jols, dans la Lozère ; Sallèles-Cabardès, dans l'Aude ; les environs de
Nantes, dans la Loire-Inférieure ; etc. — Var. *subumbilicata* : les Rivières,
près Lyon, et les alluvions du Rhône. — Var. *minor* : Pomponne, Lagny,
dans Seine-et-Marne ; l'Aumusse, dans l'Ain ; les Rivières, près Lyon, et
les alluvions du Rhône ; les environs d'Avignon dans Vaucluse ; Remoulins, dans le Gard ; etc.

HELIX RUIDA, Bourguignat

Helix ruida. Bourguignat, 1877. *In Sched.*
  —   —   Servain, 1880. *Étude moll. Esp. Port.*, p. 83.
  —   —   Coutagne, 1881. *Note Faune malac. bassin du Rhône*, p. 15.
  —   —   Locard, 1882. *Prodr. malac. franç.*, p. 110.
  —   —   Kobelt, 1883. *In Nachrichtsb. malak.*, p. 9.

DESCRIPTION. — Coquille d'un galbe général subdéprimé, subconique
un peu déprimée en dessus, assez convexe en dessous. — Test solide, un
peu mince, subcrétacé, subopaque, orné de stries longitudinales assez
fortes, rapprochées, assez irrégulières, aussi marquées en dessus qu'en
dessous, s'évanouissant vers l'ombilic ; d'un roux clair, tantôt sans
bandes, mais comme marbré avec des tons p'us foncés, tantôt avec des
bandes étroites, d'un brun plus ou moins foncé ; la bande supracarénale
flammulée, continue ; les bandes infracarénales en nombre variable, souvent réduites à des taches ou à des points, presque toujours effacées vers
l'ombilic. — Spire convexe, subconique, composée de cinq tours à cinq
tours et demi, assez convexes, séparés par une ligne suturale médiocrement profonde. — Accroissement spiral lent, assez régulier, le dernier
tour à peine plus grand vers l'ouverture. — Dernier tour un peu plus
convexe en dessous qu'en dessus à sa naissance, s'arrondissant à mesure
que l'on s'approche de l'ouverture, légèrement subanguleux à l'origine ;
angulosité un peu supérieure, visible sur un quart de la longueur totale
des tours. — Insertion du bord supérieur de l'ouverture assez tombante,
mais sur une faible longueur. — Sommet lisse, obtus, brillant, d'un fauve
foncé. — Ombilic moyen, profond, s'élargissant fortement au dernier
tour suivant une forme elliptique, laissant voir à la naissance de l'avant-
dernier tour un quart de sa largeur, et intérieurement environ la moitié

de la circonférence interne du même tour. — Ouverture à bords rappro
chés, convergents, médiocrement échancrée par l'avant-dernier tour,
presque exactement circulaire. — Péristome discontinu, droit, tranchant,
assez fortement épaissi intérieurement par un bourrelet blanchâtre ou
rosé ; bord inférieur patulescent ; bord columellaire légèrement réfléchi
sur l'ombilic.

DIMENSIONS. — Diamètre maximum : 7 1/2-10 millim.
            Hauteur totale :   4 1/4 5 —

OBSERVATIONS. — L'*Helix ruida* présente quelques variations soit individuelles soit générales ; elles sont basées sur la taille, sur la convexité
de la spire et sur l'angulosité du dernier tour à sa naissance.

Nous établirons les variétés suivantes :

VAR. B, *minor*. — Coquille dont la taille ne dépasse pas 8 millimètres
de diamètre maximum, à spire plus ou moins élevée, avec une angulosité
assez prononcée à la naissance du dernier tour.

VAR. C, *depressa*. — Coquille de grande taille ou de taille moyenne,
à spire légèrement déprimée, le dernier tour à peine subanguleux à sa
naissance.

VAR. D, *umbilicata*. — Coquille de taille assez petite, avec le dernier
tour un peu subanguleux à sa naissance, et l'ombilic un peu plus élargi
que le type.

RAPPORTS ET DIFFÉRENCES. — Nous aurons à comparer les var. *minor* et
umbilicata avec les *Helix Pouzouensis* et *H. Gigaxii*. Quant au type, on
ne peut le rapprocher que de la var. *minor* de l'*Helix Heripensis*. On le
distinguera toujours : à son galbe un peu moins déprimé ; à sa spire plus
élevée avec ses tours un peu plus étagés ; à son dernier tour moins arrondi à la naissance, toujours au moins un peu subanguleux ; à l'insertion
du bord supérieur de l'ouverture moins tombante ; au bord inférieur de
l'ouverture plus patulescent ; etc.

HABITAT. — L'*Helix ruida* est en général peu commun, quoique géo-
graphiquement assez répandu ; nous le connaissons dans les stations
suivantes : Le type : à Fontainebleau, dans Seine-et-Marne ; Valence,
Romans, dans la Drôme ; Nant, dans l'Aveyron ; Vaucluse. — Var. *minor* : Le Pont-du-Gard, Saint-Nazaire, dans le Gard ; Avignon, dans
Vaucluse ; les environs de Villefranche, Montgiscart, dans la Haute-
Garonne ; Grasse, dans les Alpes-Maritimes ; Draguignan, dans le Var ;

Foix, dans l'Ariège ; Sainte-Croix, près Lectoure, dans le Gers ; Saint-Saulge, dans la Nièvre ; les environs d'Orléans, dans le Loiret ; etc. — Var. *depressa :* Saint-Nazaire, dans le Gard ; Montgiscart, dans la Haute-Garonne ; Nantes, dans la Loire-Inférieure. — Var. *umbilicata :* Le Pont-du-Gard, dans le Gard.

HELIX POUZOUENSIS, P. Fagot

Helix Jousseaumei, P. Fagot, 1877. *Mss.*
—   —   Servain, 1880 *Étude moll. Esp. Port.*, p. 83.
— *Pouzouensis*, P. Fagot, 1881. *In Bull. Soc. Zool.*, p. 137.
— *Jousseaumei*, Locard, 1882. *Prodr. malac. franç.*, p. 109 et p. 334.
— *Pouzouensis*, Locard, 1882. *Prodr. malac. franç.*, p. 109 et p. 334.

DESCRIPTION. — Coquille d'un galbe général déprimé-globuleux, presque plane ou subconvexe en dessus, bien convexe en dessous.— Test solide, épais, crétacé, opaque, orné de stries longitudinales un peu obliques, irrégulières, assez fortes, atténuées en dessous, surtout dans la région ombilicale ; d'un blanc jaunâtre, le plus souvent monochrome, ou plus rarement avec des bandes étroites, ponctuées, presque effacées, un peu plus teintées vers l'ouverture. — Spire comprimée, légèrement convexe, composée de cinq tours et demi, un peu convexes, séparés par une suture assez profonde. — Croissance spirale lente et régulière, le dernier tour à peine plus grand. — Dernier tour convexe en dessus, bien arrondi en dessous, subanguleux à sa naissance ; angulosité un peu supérieure, visible sur un tiers de la longueur totale du dernier tour. — Insertion du bord supérieur de l'ouverture presque rectiligne ou à peine tombante sur une faible longueur. — Sommet obtus, lisse, brillant, fauve ou noirâtre. — Ombilic moyen, profond, légèrement évasé au dernier tour, sous une forme elliptique, laissant voir sur une assez faible largeur la moitié de la longueur totale de la circonférence interne de l'avant-dernier tour. — Ouverture peu oblique, à bords assez distants, légèrement échancrée par l'avant-dernier tour, bien arrondie, aussi haute que large. — Péristome droit, tranchant, fortement épaissi en dedans par un bourrelet blanchâtre ; bord inférieur subpatulescent ; bord columellaire légèrement réfléchi vers l'ombilic.

DIMENSIONS. — Diamètre maximum : 7 1/2-8 millim.
         Hauteur totale :   3 3/4-4 —

Observations. — Cette petite forme, découverte au Pouzou, dans la Charente-Inférieure, par M. le docteur Jousseaume, paraît bien constante dans son allure. On observe cependant quelques individus chez lesquels la spire est un peu moins déprimée que dans le type.

Rapports et différences.— Quoique bien typique, l'*Helix Pouzouensis* peut être rapproché de plusieurs de nos espèces, telles que la var. *minor* de l'*Helix ruida*, les *Helix Tolosana*, *H. Lieuranensis*, *H. Loroglossicola*, *H. Gigaxii* et *H. Lauraguaisiana*. En étudiant ces deux dernières espèces, nous parlerons de leurs rapports avec l'*Helix Pouzouensis*. La var. *minor* de l'*Helix ruida* se distingue de l'*Helix Pouzouensis* : par son test plus mince, plus fragile, moins crétacé, moins opaque ; par sa spire moins déprimée ; par son dernier tour moins anguleux à sa naissance ; par l'insertion du bord supérieur de l'ouverture moins tombante; etc.

Par son galbe déprimé en dessus et convexe en dessous, on peut rapprocher l'*Helix Pouzouensis* de certaines formes de l'*Helix Tolosana* et *H. Lieuranensis ;* mais il s'en distinguera au premier abord, par la dimension de son ombilic, beaucoup plus large que chez ces deux espèces. Comme l'a fait observer M. P. Fagot, cette coquille a quelques rapports avec l'*Helix Loroglossicola,* dont il semble être un diminutif ; mais, outre sa taille toujours bien plus petite, son ombilic est plus large, ses stries sont plus fortes, son bourrelet apertural plus saillant, le bord inférieur du péristome plus patulescent, etc.

Habitat. — Le type, comme nous l'avons dit, a été trouvé au Pouzou, dans la Charente-Inférieure. M. Bourguignat a signalé cette même forme : à Fontenay-le-Comte, en Vendée ; à Jaulgonne, dans l'Aisne ; au Puy-en-Velay, dans la Haute-Loire ; à Vauchonvilliers, dans l'Aube ; nous l'avons reconnue dans les environs de Lyon ; à Saint-Germain-des-Fossés, dans l'Allier ; aux environs de Nantes, dans la Loire-Inférieure ; etc.

HELIX COUTAGNEI, Bourguignat

Helix Coutagnei, Bourguignat, 1880. *Mss.*
—   —   Locard, 1882. *Prodr. malac. franç.*, p. 109 et 334.

Description. — Coquille d'un galbe général déprimé, presque plane en dessus ou à peine subconvexe, convexe en dessous. — Test un peu mince, subcrétacé, subopaque, orné de stries fines, régulières, très rapprochées, presque aussi fortes en dessous qu'en dessus, bien atténuées vers l'ombilic; d'un blanc jaunacé, avec une bande supracarénale, étroite, brune, continue en dessus, et plusieurs bandes infracarénales également étroites, souvent effacées vers l'ombilic. — Spire à peine convexe, presque méplane, composée de cinq tours et demi, à profil légèrement convexe, séparés par une suture assez profonde. — Croissance spirale d'abord lente et régulière, puis ensuite plus rapide au dernier tour. — Dernier tour légèrement convexe au-dessus sur toute sa longueur, bien arrondi en dessous, subanguleux à sa naissance; angulosité supérieure très émoussée. — Insertion du bord supérieur de l'ouverture presque rectiligne, à peine tombante sur une très faible longueur. — Sommet très obtus, lisse, brillant, d'un fauve clair. — Ombilic moyen, profond, évasé au dernier tour sous une forme elliptique, laissant voir à l'extrémité de l'avant-dernier tour un quart ou un tiers environ de sa largeur, et intérieurement près de la moitié de sa circonférence interne. — Ouverture peu oblique, faiblement échancrée par l'avant-dernier tour, semi-circulaire, bien arrondie, parfois un peu méplane dans le haut. — Péristome discontinu, droit, tranchant, faiblement bordé intérieurement par un bourrelet jaunâtre; bord inférieur à peine subpatulescent; bord columellaire très légèrement réfléchi sur l'ombilic.

DIMENSIONS. — Diamètre maximum : 12-13 millim.
           Hauteur totale :   4 1/2-5 1/2 millim.

OBSERVATIONS. — Quelle que soit sa taille, l'*Helix Coutagnei* est une forme régulière et constante. Un de ses caractères les plus précis réside dans l'aplatissement de la spire, aplatissement tel que la surface supérieure du dernier tour aux abords de l'ouverture est non déclive-inclinée, mais presque à la même hauteur que la surface supérieure de l'avant-dernier tour. Chez quelques individus, l'ombilic paraît un peu plus elliptique à l'entrée, et laisse voir un tiers, au lieu d'un quart de la largeur de l'avant-dernier tour à son extrémité.

RAPPORTS ET DIFFÉRENCES. — L'*Helix Coutagnei*, dédié par M. Bourguignat à notre ami M. G. Coutagne, ne peut être rapproché, avec son galbe déprimé, que des *Helix Pauli*, *H. acentromphala* et *H. Mauriana*. On le distinguera facilement de l'*Helix Pauli* dont nous avons déjà parlé: à son galbe plus convexe en dessous; à son dernier tour moins anguleux et avec l'angulosité plus émoussée et plus supérieure; à la forme moins dilatée de l'extrémité de ce même tour; à son ouverture plus arrondie ; enfin et surtout à son ombilic beaucoup plus large et plus elliptique. Nous examinerons plus loin les différences qui existent entre cette espèce et les *Helix acentromphala* et *H. Mauriana.*

HABITAT. — Coquille toujours rare ; le type a été trouvé à Neufchâtel-en-Bray, dans la Seine-Inférieure ; nous l'avons reconnu dans les alluvions du Rhône, au nord de Lyon, et au lieu dit les Rivières, sur les bords du Rhône, au sud de cette même ville.

HELIX ACENTROMPHALA, Bourguignat

Helix acentromphala, Bourguignat, 1877. *In Sched.*
— — Servain, 1880. *Étude moll. Esp. Port.*, p. 81.
— — Locard, 1882. *Prodr. malac. franç.*, p. 111.

DESCRIPTION. — Coquille d'un galbe général déprimé, presque plane en dessus ou à peine subconvexe, assez convexe en dessous. — Test solide, épais, crétacé, opaque, orné de stries longitudinales très fines, très rapprochées, aussi fortes en dessus qu'en dessous, d'un blanc grisâtre un peu jaunacé, avec quelques bandes brunes infracarénales très étroites, comme effacées. — Spire à peine convexe, composée de cinq à six tours à profil peu convexe, presque méplan, séparés par une suture peu profonde. — Croissance spirale d'abord lente et régulière, puis plus rapide au dernier tour. — Dernier tour nettement subanguleux à la naissance, mais sur une faible longueur ; partie supérieure subconvexe à la naissance du tour, s'arrondissant ensuite vers l'ouverture. — Insertion du bord supérieur de l'ouverture presque rectiligne. — Sommet très obtus, lisse, brillant, d'un fauve clair. — Ombilic moyen, profond, très évasé au dernier tour sous une forme elliptique, laissant voir à peu près le quart de la largeur totale de l'avant-dernier tour à son extrémité, et intérieurement la moitié de sa circonférence interne. — Ouverture peu oblique, à bords assez distants, faiblement échancrée par l'avant-dernier tour, semi-circulaire. — Péristome discontinu, droit, tranchant, épaissi intérieurement par un bourrelet blanchâtre ; bord inférieur patulescent ; bord columellaire un peu réfléchi sur l'ombilic.

DIMENSIONS. — Diamètre maximum : 11 millim.
Hauteur totale : 5 —

OBSERVATIONS. — Le type que nous venons de décrire provient de la collection de M. Bourguignat et a été récolté dans le Var. Sur un échantillon de notre collection, provenant des alluvions du Rhône, au sud de Lyon, la suture est plus profonde, et partant les tours supérieurs ont un profil un peu moins déprimé que dans le type; quant aux autres caractères, ils sont très sensiblement les mêmes.

On remarquera, en outre, que le type décrit par M. le docteur Servain ne mesure que 8 millimètres de diamètre maximum, et une hauteur de 4 millimètres. Les échantillons de Séville, en Espagne, ajoute cet auteur, seraient de taille un peu plus forte.

RAPPORTS ET DIFFÉRENCES. — Comme nous l'avons dit, l'*Helix acentromphala* est voisin de l'*Helix Coutagnei*. On le distinguera à son test plus solide, plus épais, plus opaque; à son galbe plus déprimé en dessous, à taille égale, le dernier tour à sa naissance et sur au moins la moitié de sa circonférence, étant moins épais; à l'insertion du bord supérieur de l'ouverture un peu moins haute; au galbe du dernier tour plus nettement subanguleux à sa naissance; à son ombilic un peu plus large; enfin, à son péristome plus épaissi intérieurement et plus patulescent sur le bord inférieur.

HABITAT. — Rare : les gorges d'Ollioules, près de Toulon dans le Var; les alluvions du Rhône, au sud de Lyon, sur la rive gauche du fleuve.

HELIX MAURIANA, Bourguignat

Helix Mauriana, Bourguignat, 1877. *Mss.*
   —   —   Servain, 1880. *Étude moll. Esp. Port.*, p. 83.
   —   —   Locard, 1882. *Prodr. malac. franç*, p. 114 et p. 385.

DESCRIPTION. — Coquille d'un galbe général très déprimé, presque complètement méplane en dessus, assez convexe en dessous. — Test solide, épais, crétacé, subopaque, orné de stries longitudinales, fines, serrées, assez régulières, aussi fortes en dessus qu'en dessous, un peu atténuées vers l'ombilic; d'un blanc jaunacé terreux, un peu plus foncé vers l'ouverture, avec quelques bandes brunes, étroites, infracarénales, le plus souvent interrompues, comme effacées. — Spire méplane, composée de cinq à six tours à profil légèrement convexe, séparés par une suture assez profonde. — Croissance spirale d'abord lente et régulière, puis ensuite relativement rapide au dernier tour, jusqu'à l'extrémité. — Dernier tour à peiné convexe en dessus à sa naissance, bien convexe en dessous, s'arrondissant ensuite vers l'ouverture, anguleux à l'origine ; angulosité très supérieure, mais émoussée, visible sur un quart de la circonférence externe du dernier tour. — Insertion du bord de l'ouverture bien tombante et sur une assez grande longueur. — Ombilic moyen, profond, très évasé au dernier tour, sous une forme elliptique, laissant voir l'avant-dernier tour sur un quart de sa largeur à l'extrémité de ce tour, et intérieurement sur la moitié de sa circonférence interne. — Sommet tout à fait obtus, lisse, brillant, fauve clair. — Ouverture très oblique, à peine échancrée par l'avant-dernier tour, à bords bien convergents et très rapprochés, arrondie, transversalement un peu plus large que haute. — Péristome discontinu, droit, tranchant, bordé intérieurement par un bourrelet blanchâtre ; bord inférieur à peine subpatulescent ; bord columellaire assez réfléchi sur l'ombilic.

DIMENSIONS. — Diamètre maximum : 10 millim.
              Hauteur totale :   4 1/2 —

OBSERVATIONS. — Cette curieuse forme est remarquable par son galbe très déprimé, avec une spire presque complètement méplane, et par la direction inclinée en avant que prend le dernier tour à son extrémité, sur une longueur de plus de 3 millimètres ; enfin par son péristome presque continu par suite du rapprochement des bords de l'ouverture qui sont très convergents.

Nous avons reçu de M. Azam, de Draguignan, une forme un peu différente du type que nous venons de décrire, et que nous croyons pouvoir considérer comme une variété de l'*Helix Mauriana*. Elle diffère du type : par une spire un peu moins déprimée, par son dernier tour un peu moins subanguleux à l'origine ; mais ses autres caractères restant les mêmes, ce serait donc une var. *alta*.

RAPPORTS ET DIFFÉRENCES. — Voisin des deux formes précédentes, l'*Helix Mauriana* ne saurait être confondu avec elles. Nous venons de voir, en effet, que son galbe déprimé, sa spire presque complètement méplane, la forme anguleuse du dernier tour à sa naissance, l'allure toute particulière de ce dernier tour à son extrémité, etc., permettront toujours de distinguer facilement cette espèce de ses congénères. Quant à la var. *alta*, si sa spire rappelle celle de l'*Helix Coutagnei*, la direction tombante du dernier tour à son extrémité, la forme de l'ouverture avec ses bords très rapprochés, très convergents, la feront toujours reconnaître.

HABITAT. — Rare; les environs de Cannes, dans les Alpes-Maritimes, et de Draguignan, dans le Var.

D. — Coquilles à ombilic large

HELIX GIGAXII, de Charpentier

Helix Gigaxii, Pfeiffer, 1850. *Mss., in Zeitschr. f. Malac.*, p. 85.
— — Chemnitz, 1850. *Helix*, édit. II, n° 812, t. 128, f. 23 à 28.
Xerophila Gigaxii, Albers, 1850. *Die Heliceen*, p. 75.
Helix Gigaxii, L. Pfeiffer, 1853. *Mon. Hel. Viv.*, III, p. 133.
— *fasciolata* (var. *Gigaxii*), Moquin-Tandon, 1855. *Hist. moll.*, II, p. 239.
— — — Drouët, 1855. *Enum. France cont.*, p. 16.
— *Gigaxii*, Westerlund, 1876. *Fauna Europ. moll. Prodr.*, p. 111.
— — A. Letourneux, 1877. *Moll. Lamalou-les-Bains*, p. 8.
— *striata* (var. *Gigaxii*), Dubreuil, 1880. *Cat. Moll. Hérault*, 3° éd., p. 47.
— *Gigaxii*, Coutagne, 1881. *Notes faune malac. bass. Rhône*, p. 16.
— — S. Clessin, 1881. *Nomencl. Helic. viv.*, p. 132.
— — Locard, 1882. *Prodr. malac. franç.*, p. 110.
— — Kobelt, 1882. *Catal. Binnenconch.*, p. 50.

DESCRIPTION. — Coquille d'un galbe général subdéprimé-globuleux, un peu moins convexe en dessous qu'en dessus. — Test solide, épais, crétacé, opaque, orné de stries longitudinales assez fortes, irrégulières, presque aussi fortes en dessous qu'en dessus; d'un jaune roux clair, rarement monochrome, le plus souvent avec des bandes brunes assez étroites, en nombre variable; bandes supracarénales, continués en dessus, souvent ponctuées ou flammulées ; bandes infracarénales réduites à des taches ou à des points, comme effacées vers l'ombilic. — Spire convexe, légèrement conique, composée de quatre tours et demi à cinq tours à profil convexe, séparés par une ligne suturale assez profonde. — Croissance spirale assez régulière, d'abord un peu lente, puis un peu plus rapide sur le dernier tiers du dernier tour. — Dernier tour bien arrondi à sa naissance comme à son extrémité, aussi convexe en dessus qu'en dessous. — Insertion du bord supérieur de l'ouverture nettement tombante sur une assez grande longueur. — Ombilic large, profond, évasé au dernier tour sous une forme légèrement elliptique, laissant voir la circonférence interne de l'avant-dernier tour sur les deux tiers de sa longueur totale. — Ouverture assez oblique, à bords très rapprochés, assez fortement échancrée par l'avant-dernier tour, presque exactement

circulaire. — Péristome discontinu, droit, tranchant, épaiss intérieurement par un fort bourrelet blanchâtre ; bord inférieur patulescent ; bord
columellaire, réfléchi sur l'ombilic.

DIMENSIONS. — Diamètre maximum : 5 1/2-8 1/4-9 1/2 millim.
Hauteur totale :   3 1/2- 4 1/2-4 3/4   —

OBSERVATIONS. — L'*Helix Gigaxii* a été bien décrit par L. Pfeiffer, et la
plupart des auteurs étrangers ont admis et reconnu cette espèce. Comment
se fait-il, hélas ! que les auteurs français seuls l'aient méconnue. Moquin-
Tandon, Dubreuil et M. H. Drouët en font une variété d'un type mal
défini ; M. l'abbé Dupuy n'en parle pas ; c'est cependant une forme bien
typique et bien caractérisée, d'un galbe tout particulier qui ne saurait
être confondue avec aucune forme de ce groupe.

Sous le nom de var. *major* Pfeiffer a indiqué une forme qui nous
semble différente. Dans l'ouvrage de Martini et Chemnitz, cette variété est
représentée planche 128, fig. 29, 30 ; une telle coquille est certainement
bien distincte de celle que l'on voit dans les figures 23-28. Outre sa
taille plus grande, son mode d'enroulement différent, le profil de sa
spire tout particulier, le test a l'air plus solide, plus crétacé, plus opaque
même. Une telle figuration a bien plus d'analogie avec l'*Helix scrupea*
qu'avec une var. *major* de l'*Helix Gigaxii*.

Cependant si nous examinons les différences de taille qui existent chez
des colonies bien distinctes de l'*Helix Gigaxii*, nous constaterons qu'il
existe non pas une var. *major*, mais bien, au contraire, une var. *minor*,
de toute petite taille, dont le diamètre ne dépasse pas 6 millimètres,
tandis que le type a au moins 8 millimètres. Nous en faisons une variété,
car cette taille est constante dans plusieurs colonies ; en outre, le type,
tel que l'a créé Pfeiffer aurait jusqu'à 9 1/2 millimètres comme diamètre
maximum.

La var. *minor*, outre l'exiguïté de sa taille, se distingue encore par un
galbe un peu plus globuleux, une spire un peu plus étagée, ses autres
caractères restant constants.

RAPPORTS ET DIFFÉRENCES. — Quoique parfaitement caractérisé, l'*Helix
Gigaxii*, au premier abord, peut être rapproché de plusieurs espèces que
nous avons décrites, notamment les *Helix ruida* var. *minor*, *H. nomephila*,
H. scrupellina et *H. Pouzouensis*. On distinguera l'*Helix Gigaxii*, quelle
que soit sa taille, de l'*Helix ruida* var. *minor :* à son galbe plus globuleux,
plus convexe en dessous, le dessus étant à peu près semblable ; à son

dernier tour arrondi à la naissance, et non pas subanguleux ; au profil de ses tours plus convexes ; à son ombilic beaucoup plus large, plus ouvert ; à son ouverture plus échancrée par l'avant-dernier tour ; etc.

Comparé à l'*Helix nomephila*, l'*Helix Gigaxii* s'en distinguera : par son galbe général moins globuleux, à peu près aussi convexe en dessous, mais notablement moins convexe en dessus ; à ses tours de spire moins nombreux, et à profil moins convexe ; à sa croissance spirale moins régulière, le dernier tour croissant plus rapidement ; à son dernier tour moins bombé en dessous ; à son ombilic plus large, laissant voir une plus grande longueur de la circonférence interne de l'avant-dernier tour ; etc.

On peut également rapprocher l'*Helix scrupellina* de l'*Helix Gigaxii* ; mais on distinguera la première de ces espèces : à son galbe général moins globuleux, plus déprimé dans son ensemble ; à son test moins solide, moins épais ; à ses stries plus fines et plus régulières ; à son ombilic beaucoup plus large au dernier tour ; au profil de ce dernier tour plus aplati en dessus, plus subcaréné à sa naissance ; à l'insertion du bord supérieur de l'ouverture plus tombante à son extrémité et sur une plus faible longueur ; à son ouverture un peu moins arrondie, plus transversalement ovalaire ; etc.

Enfin, si l'on compare l'*Helix Gigaxii* à l'*Helix Pouzouensis*, on voit qu'il en diffère, à taille égale : par son ensemble moins globuleux, avec une spire plus déprimée, le dessous de la coquille étant aussi convexe ; par son test moins épais, moins crétacé, moins solide ; par ses stries plus grossières, plus irrégulières ; par son dernier tour bien arrondi à sa naissance et non pas subanguleux ; par l'insertion du bord supérieur de l'ouverture moins rectiligne ; par son ombilic beaucoup plus large ; etc.

Habitat. — L'*Helix Gigaxii* vit surtout dans le midi de la France. Pfeiffer, d'après les indications de Charpentier, le signale dans la Provence, à Arles, Vaucluse, Grasse et Valence. Nous en avons reconnu la présence dans les localités suivantes : le vallon de Vaucluse ; le Pont-du-Gard, Remoulins dans le Gard ; les environs de Montpellier, dans l'Hérault ; Privas, dans l'Ardèche ; Villefranche-Lauraguais, Saint-Martin, dans la Haute Garonne ; Gaïx, près Castres, dans le Tarn ; le Tarn-et-Garonne ; Brives-sur-Charente, dans la Charente-Inférieure ; Neufchâtel-en-Bray, dans la Seine-Inférieure ; etc. — Var. *minor ;* Mouguerre et les environs de Bayonne, dans les Basses-Pyrénées ; etc.

HELIX LAURAGUAISIANA, Locard

DESCRIPTION. — Coquille d'un galbe général subdéprimé, légèrement subcoique-déprimée en dessus, un peu convexe en dessous.—Test solide, épais, subcrétacé, subopaque, orné de stries longitudinales fines, régulières, bien rapprochées, au moins aussi fines en dessous qu'en dessus, atténuées dans la région ombilicale; d'un blanc grisâtre ou légèrement jaunâtre avec des bandes brunes; bande supracarénale étroite, le plus souvent un peu effacée, non continue en dessus; bandes infracarénales multiples, en nombre variable, comme effacées ou réduites à des taches vers l'ombilic. —Spire légèrement subconique, composée de quatre tours et demi à cinq tours, à profil assez convexe, séparés par une suture médiocrement profonde. — Accroissement spiral d'abord lent et régulier, puis un peu plus rapide dans la dernière moitié du dernier tour.—Dernier tour à profil arrondi à sa naissance, mais beaucoup plus convexe en dessous qu'en dessus, s'arrondissant davantage vers l'ouverture. — Insertion du bord supérieur de l'ouverture légèrement tombante, sur une assez faible longueur; sommet subobtus, lisse, brillant, d'un brun noirâtre. — Ombilic largement ouvert, profond, un peu ovalisé au dernier tour, laissant voir sur une faible largeur, environ la moitié de la longueur totale de la circonférence interne de l'avant-dernier tour. — Ouverture médiocrement échancrée par l'avant-dernier tour, à bords convergents et assez rapprochés, arrondie, à peine transversalement un peu plus large que haute. — Péristome discontinu, droit, tranchant, épaissi intérieurement par un bourrelet jaunâtre ou rosacé; bord inférieur à peine subpatulescent; bord columellaire très légèrement réfléchi sur l'ombilic.

DIMENSIONS. — Diamètre maximum :   9 millim.
Hauteur totale :   5 —

OBSERVATIONS. — Cette forme, que nous considérons comme nouvelle, varie peu dans son allure et dans son ornementation. Chez quelques individus cependant, le dernier tour paraît un peu moins arrondi vers son extrémité ; dès lors, l'ouverture s'ovalise davantage, et paraît légèrement un peu plus longue dans le sens transversal; en même temps, et pour les mêmes causes, l'ombilic semble moins profond.

RAPPORTS ET DIFFÉRENCES. — Nous ne pouvons rapprocher cette coquille que de l'*Helix scrupellina* qui vit dans ces mêmes régions. Nous examinerons à propos de cette dernière espèce les caractères distinctifs de ces deux coquilles.

HABITAT. — L'*Helix Lauraguaisiana* paraît peu commun ; nous l'avons reçu de Villefranche-Lauraguais, quartier de Barelles, dans la Haute-Garonne, où il avait été récolté par les bons soins de M. P. Fagot.

HELIX LE MESLI, J. Mabille

Helix Le Mesli, J. Mabille, 1868. *In Sched.*
—   *arga*, Locard, 1882. *Prodr. malac. franç.*, p. 111.
—   *Le Mesli*, Locard, 1882. *Prodr. malac. franç.*, p. 335.
—   —   J. Mabille, 1882. *In Bull. Soc. Philom. Paris.*

DESCRIPTION. — Coquille d'un galbe général très déprimé, presque complètement plane en dessus, légèrement convexe en dessous. — Test solide, épais, crétacé, opaque, orné de stries longitudinales assez régulières, un peu fines, plus fortes en dessus qu'en dessous ; d'un blanc jaunâtre un peu plus clair en dessous, presque monochrome, avec quelques apparences de flammulations brunâtres, supracarénales. — Spire à peine saillante, composée de cinq tours convexes-déprimés, séparés par une ligne suturale un peu profonde. — Croissance spirale un peu lente et assez régulière, le dernier tour à peine un peu plus grand que les tours précédents. — Dernier tour aplati en dessus, sur toute sa longueur, de plus en plus convexe en dessous, depuis sa naissance jusqu'à l'ouverture, anguleux à l'origine, subanguleux à l'extrémité ; angulosité tout à fait supérieure. — Insertion du bord supérieur de l'ouverture, absolument rectiligne. — Sommet lisse, brillant, d'un fauve clair, très obtus. — Ombilic large, profond, évasé au dernier tour sous une forme légèrement elliptique, et laissant voir sur une faible largeur, environ les trois quarts de la longueur totale de la circonférence interne de l'avant-dernier tour. — Ouverture très peu oblique, à bords assez distants, médiocrement échancrée par l'avant-dernier tour, subarrondie, un peu anguleuse dans le haut vers le bord externe ; bord supérieur subméplat, bord inférieur et bord externe largement arrondis. — Péristome discontinu, droit, tranchant, légèrement épaissi intérieurement ; bord inférieur à peine subpatulescent ; bord columellaire très faiblement réfléchi sur l'ombilic.

DIMENSIONS. — Diamètre maximum : 8 1/2 millim.
Hauteur totale :   3   —

OBSERVATIONS. — Cette forme singulière, trouvée par M. Le Mesle, diffère essentiellement de toutes les autres formes jusqu'à ce jour connues dans le groupe de l'*Helix Ileripensis*. Elle est plus particulièrement caractérisée : par son galbe déprimé avec une spire absolument plane ; par son dernier tour anguleux sur toute sa longueur, au point de faire paraître l'ouverture elle-même subanguleuse dans l'angle supérieur du bord externe ; par la direction absolument rectiligne de l'insertion du bord supérieur de l'ouverture ; etc.

RAPPORTS ET DIFFÉRENCES. — Une telle forme aussi nettement caractérisée ne saurait être confondue avec aucune autre des formes mêmes les plus déprimées appartenant à ce groupe.

HABITAT. — Rare ; Saint-Zacharie, dans le Var.

HELIX SCRUPEA, Bourguignat

Helix scrupea, Bourguignat, 1877. *In Sched.*
—   —   Servain, 1880 *Etude moll. Esp. Port.*, p. 83.
—   —   Locard, 1882. *Prodr. malac. franç.*, p. 108 et p. 332.

DESCRIPTION. — Coquille d'un galbe général subdéprimé-conique, subconique en dessus, déprimé-convexe en dessous. — Test solide, épais, crétacé, opaque, orné de stries longitudinales fines, serrées, assez régulières, un peu plus fortes en dessus qu'en dessous, atténuées vers la naissance de l'ombilic ; d'un blanc grisâtre ou jaunâtre, monochrome, ou avec quelques rares bandes brunes infracarénales, très étroites et presque effacées. — Spire composée de cinq à six tours à profil bien convexe, séparés par une suture assez profonde, les premiers proportionnellement plus étagés que les derniers. — Croissance spirale d'abord lente et régulière, puis ensuite beaucoup plus rapide au dernier tour. — Dernier tour légèrement subanguleux à sa naissance ; angulosité submédiane, un peu supérieure, émoussée, visible sur les deux tiers de la circonférence ; comprimé à sa naissance en dessus et en dessous, s'élargissant ensuite considérablement vers l'ouverture tout en restant un peu déprimé. — Insertion du bord supérieur de l'ouverture légèrement tombante, sur une très faible longueur. — Sommet subobtus, lisse, brillant, d'un fauve un peu foncé. — Ombilic large, profond, évasé au dernier tour sous une forme elliptique, laissant voir, sur une faible largeur, environ

un tiers de la longueur totale de la circonférence interne de l'avant-
dernier tour. — Ouverture un peu oblique, à bords marginaux très
rapprochés, très faiblement échancrée par l'avant-dernier tour, transversalement oblongue-arrondie. — Péristome discontinu, droit, tranchant,
épaissi intérieurement par un bourrelet blanchâtre ; bord inférieur légèrement subpatulescent ; bord columellaire faiblement réfléchi sur
l'ombilic.

DIMENSIONS. — Diamètre maximum : 9 1/2–11 millim.
           Hauteur totale :   5 1/2-6   —

OBSERVATIONS. — Ce qui caractérise plus particulièrement cette espèce,
c'est surtout son profil général. Le dessus est plus convexe que le dessous ;
les premiers tours sont relativement plus étagés que le dernier et l'avant-
dernier ; le dernier tour paraît un peu aplati ; en outre, le dernier tour
étant très large et un peu déprimé, il s'ensuit que le profil latéral passant
par le sommet et tangentiellement à l'ouverture présente une courbure
concave. Nous avons reçu du Var plusieurs individus absolument conformes au type, mais de taille un peu plus petite. Nous établirons par
eux une var. *minor;* leur test est un peu plus coloré, les bandes ornementales sont plus nombreuses et un peu plus accusées.

RAPPORTS ET DIFFÉRENCES. — Par son galbe général, on peut rapprocher
l'*Helix scrupea* des *Helix Pauli, H. Coutagnei* et *H. acentromphala ;* mais
il s'en distinguera facilement par son galbe moins déprimé en dessus, par
sa spire plus haute, plus étagée, par son ombilic plus large, par l'angulosité du dernier tour émoussée, mais visible sur une plus grande longueur. Il est également voisin des *Helix Veranyi* et *H. Diniensis ;* mais il a
sa spire moins élevée que celle du premier et son ombilic beaucoup moins
large que chez le second ; son dernier tour est moins arrondi, plus déprimé
et plus anguleux que chez ces deux coquilles, et l'insertion du bord supérieur du dernier tour moins tombante.

M. Bourguignat a cru devoir établir les caractères différentiels de ces
deux formes qui vivent à Lieuran-Cabrières, dans l'Hérault, avec l'*Helix
Lieuranensis*. L'*Helix scrupea* diffère donc de l'*Helix Lieuranensis :* « par
une taille un tant soit peu plus haute et relativement plus grande en
diamètre, ce qui donne à la coquille une apparence plus déprimée ; par
son ombilic le double plus ouvert ; par son dernier tour plus ample vers
l'ouverture, paraissant plus comprimé et moins exactement arrondi que
celui de la *Lieuranensis*, par suite de sa croissance plus rapide dans le

sens transversal, enfin offrant, en outre, à son origine, une angulosité plus obsolète, plus médiane ; par son ouverture arrondie-oblongue dans le sens transverse, à bords marginaux plus rapprochés et plus convergents (1). »

HABITAT. — Assez rare : Lieuran-Cabrières, près de Montpellier, dans l'Hérault ; Nant, dans l'Aveyron. — Var. *minor :* Rians, dans le Var.

HELIX SCRUPELLINA, P. Fagot

Helix scrupellina, P. Fagot, 1882. *In Sched.*

DESCRIPTON. — Coquille de taille assez petite, d'un galbe général subdéprimé, subconvexe en dessus ou légèrement subconique, convexe en dessous. — Test solide, assez épais, subcrétacé, subopaque, orné de stries longitudinales fines et serrées, un peu plus fortes en dessus qu'en dessous, assez régulières ; d'un blanc jaune-roux clair, un peu plus teinté vers l'ouverture, rarement monochrome, le plus souvent avec une bande supracarénale unique, étroite, brune, continue ou non en dessus, et plusieurs bandes infracarénales, également étroites, ponctuées ou flammulées, en nombre très variable, souvent comme effacées. — Spire légèrement convexe, composée de quatre tours et demi à cinq tours à profil convexes, séparés par une suture assez profonde. — Croissance spirale lente et assez régulière, sauf à l'extrémité du dernier tour qui croît un peu plus rapidement sur le dernier quart de sa circonférence. — Dernier tour convexe en dessus et en dessous, à peine subanguleux à sa naissance, et sur une faible longueur, arrondi à son extrémité. — Insertion du bord supérieur du dernier tour un peu tombante, mais, sur une faible longueur. — Sommet obtus, lisse, brillant, d'un fauve foncé. — Ombilic large, profond, par suite de la forme arrondie de la partie inférieure du dernier tour, évasé au dernier tour sous une forme légèrement elliptique, laissant voir sur une faible largeur à la naissance, les trois quarts de la longueur totale de la circonférence interne de l'avant-dernier tour. — Ouverture médiocrement oblique, à bords assez rapprochés, moyennement échancrée par l'avant-dernier tour, presque circulaire, ou à peine transversalement un peu plus large que haute. — Péristome discontinu, droit, tranchant,

(1) Locard, 1882. *Prodr. malac. franç.*, p. 332.

épaissi intérieurement par un bourrelet blanchâtre ou rosé ; bord inférieur subpatulescent ; bord columellaire légèrement réfléchi sur l'ombilic.

DIMENSIONS. — Diamètre maximum :   7-8 millim.
                  Hauteur totale :   3 1/2-4 1/2 millim.

OBSERVATIONS. — Nous avons à signaler quelques variations chez cette espèce ; parfois la spire s'affaisse un peu, et le galbe général paraît déprimé. En même temps, et par suite de cette modification dans l'allure de la coquille, le dernier tour est moins arrondi, notamment à la naissance ; il peut paraître même comme subanguleux. De même aussi, l'ouverture est alors un peu moins arrondie. Nous établirons donc pour cette forme une var. *depressa*. Cette variété est, du reste, de même taille ou tout au plus un peu plus petite que le type.

Chez quelques sujets, le dernier tour de la coquille paraît comme flammulé en dessus ; le ton général est en même temps plus terreux, plus grisâtre, et rappelle un peu celui de l'*Helix conspurcata*.

RAPPORTS ET DIFFÉRENCES. — Par son galbe général, l'*Helix scrupellina* ne peut guère être rapproché que des *Helix nomephila*, *H. scrupea* et *H. Lauraguaisiana*. On le distinguera de l'*Helix nomephila* à son galbe toujours plus déprimé, à sa spire moins élevée, moins conique, avec des tours moins étagés ; à son dernier tour moins arrondi, un peu plus déprimé en dessus, et non pas aussi convexe en dessus qu'en dessous ; à son ombilic plus large, plus évasé ; etc.

Comparé à l'*Helix scrupea* dont il semble un diminutif, on voit de suite qu'il est toujours de taille beaucoup plus petite, avec une spire un peu moins conique, un test moins épais, moins crétacé, un enroulement des tours plus régulier, un ombilic un peu plus large, l'insertion supérieure de l'ouverture plus nettement descendante sur une plus grande longueur, etc.

Enfin, on le distinguera de l'*Helix Lauraguaisiana* qui vit dans les mêmes régions : à sa taille plus petite ; à son galbe moins déprimé dans son ensemble et plus convexe en dessous ; à sa croissance spirale plus régulière ; à son dernier tour à profil plus convexe en dessus comme en dessous ; à son ouverture plus circulaire, plus échancrée par l'avant-dernier tour ; à son ombilic plus large, moins profond, plus ovalisé au dernier tour ; etc.

HABITAT. — Cette forme paraît jusqu'à présent peu dispersée ; nous ne la connaissons encore que dans un petit nombre de stations : les environs

de Villefranche-Lauraguais, dans la Haute-Garonne d'où elle nous a été
envoyée par M. P. Fagot, type et var. ; Florac, dans la Lozère ; les environs de Foix, dans l'Ariège.

E. — Coquille à ombilic très large

HELIX DINIENSIS, Rambur

Helix Diniensis, Rambur, 1868. *In Journ. Conch.*, t. XVI, p. 267. — *Loc. cit.*, t. XVII,
    p. 258, pl. IX, f. 2
 — —   Westerlund, 1876. *Fauna Europ. moll. prodr.*, p. 109.
 — —   Locard, 1880. *Études variat. malac.*, I, p. 162. — 1881. *Cataml. oll. de*
    l'Ain, p. 54. — 1882. *Prodr. malac. franç.*, p. 108.
 — *caperata* (var. *Diniensis*), Kobelt, 1881. *Catal. Binnenconch.*, p. 50.
 — *Diniensis*, S. Clessin, 1881. *Nomencl. Helic. viv.*, p. 132.
 — —   Coutagne, 1881. *Notes Faune malac. Bassin du Rhône.* p. 15.

DESCRIPTION. — Coquille d'un galbe subconique-déprimé, un peu
conique en dessus, déprimée-convexe en dessous. — Test solide, épais,
subcrétacé, subopaque, orné de stries longitudinales très fines, très rapprochées, assez régulières, aussi fortes en dessous qu'en dessus ; d'un
blanc grisâtre ou jaunâtre, rarement monochrome, le plus souvent avec
des bandes brunes en dessus et en dessous, assez larges et en nombre
variable. — Spire un peu élevée, à profil régulier, composée de cinq
tours et demi convexes, un peu étagés, séparés par une ligne suturale
assez profonde. — Croissance spirale d'abord lente et régulière, puis
ensuite beaucoup plus rapide au dernier tour. — Dernier tour bien
arrondi à sa naissance, prenant un profil de plus en plus elliptique, à
mesure que l'on se rapproche de l'ouverture, par suite de son épanouis-
sement et de sa dépression inférieure qui vont sans cesse croissant sur
le dernier tiers de ce dernier tour. — Insertion du bord supérieur de
l'ouverture très tombante et sur une longueur un peu plus grande que le
cinquième de la circonférence interne du dernier tour. — Sommet
subobtus, lisse, brillant, d'un fauve roux. — Ombilic profond, très large,
très évasé au dernier tour, laissant voir près du quart de l'avant-dernier
tour à sa naissance, et les trois quarts de la circonférence interne du
même tour. — Ouverture très oblique, à bords très convergents, très rapprochés, faiblement échancrée par l'avant-dernier tour, ovalaire, arron-

die, transversalement un peu plus large que haute. — Péristome discontinu, droit, épaissi intérieurement par un bourrelet blanchâtre ; bord inférieur un peu patulescent ; bord columellaire assez fortement réfléchi sur l'ombilic.

DIMENSIONS. — Diamètre maximum : 10-12 millim.
Hauteur totale :   6-6 1/2 —

OBSERVATIONS. — L'*Helix Diniensis* a été bien décrit par Rambur qui le premier en a fait connaître les caractères. Malheureusement la figuration qu'il en a faite laisse singulièrement à désirer et ne peut donner une idée même approchante des caractères particuliers de cette espèce.

Son ornementation est très variable. Les sujets monochromes sont de beaucoup les plus rares. Les bandes varient et comme nombre et comme dimension ; on peut en compter jusqu'à huit ; le plus souvent il existe une bande supracarénale continue en dessus, tantôt étroite, tantôt large, et laissant alors voir un mince filet blanc plutôt que grisâtre qui se détache vivement en dessus de la coquille. En dessous, les bandes sont plus nombreuses, tantôt continues, tantôt interrompues et même flammulées ; s'il doit y avoir une large bande, elle est toujours immédiatement infracarénale, et dans ce cas, il y a également une large bande supracarénale ; dès lors, la carène se manifeste sous forme d'un filet blanc très tranché. Mais ce qui caractérise surtout cette curieuse et élégante coquille, c'est le galbe et l'allure de l'ombilic, du dernier tour et de l'ouverture. L'ombilic est très large au dernier tour, par suite de la direction tangentielle que prend ce tour à son extrémité ; quant à l'ouverture, toujours transversalement ovalaire, par suite de l'aplatissement du dernier tour à son extrémité, elle affecte une direction infléchie en avant des plus marquées.

La taille et l'ornementation varient suivant les stations ; les échantillons du midi sont plus colorés et plus forts que ceux du nord ou même que ceux de la France centrale.

RAPPORTS ET DIFFÉRENCES. — Cette forme a des caractères tellement typiques, tellement précis qu'elle ne saurait être confondue avec aucune de ses congénères.

HABITAT. — L'*Helix Diniensis* n'est pas très répandu ; mais il constitue des colonies populeuses. Il est surtout typique dans la Provence : les environs de Digne, dans les Basses-Alpes ; Saint-Raphaël, dans le Var ; les environs de Saint-Chamas, dans les Bouches-du-Rhône ; etc. — Il est

moins typique et un peu plus petit dans les localités suivantes : La
côtière de Miribel, le parc du château de l'Aumusse, près Mâcon, dans
l'Ain ; le Puy-en-Velay, dans la Haute-Loire ; les environs de Paris ; etc.

HELIX IDANICA, Locard

Helix Idanica, Locard, 1881. *Catal. moll. de l'Ain*, p. 54. — 1881. *Études variat. malac.*, II,
p. 547. — 1882. *Prodr. malac. franç.*, p. 110.
— — Kobelt, 1883. *In Nachrichsb. malac.*, p. 9.

DESCRIPTION. — Coquille d'un galbe général subconique-déprimé, un
peu subconique en dessus, convexe en dessous. — Test solide, épais,
crétacé, subopaque, orné de stries longitudinales un peu fines, assez
régulières, aussi fortes en dessus qu'en dessous, à peine atténuées vers
l'ombilic ; d'un jaune terreux ou un peu grisâtre, parfois monochrome,
le plus souvent avec des bandes ; bande supracarénale unique, continue
ou flammulée, visible sur tous les tours ; bandes infracarénales en nombre
très variable, parfois larges et continues, souvent obsolètes vers l'ombilic. — Spire un peu conique, composée de cinq tours et demi à six
tours, à profil bien convexe, séparés par une ligne suturale assez profonde. — Accroissement spiral d'abord lent et régulier, puis un peu plus
rapide vers le dernier tiers de la longueur totale du dernier tour. —
Dernier tour bien arrondi à sa naissance, parfois très obtusément subanguleux, sur une faible longueur, bien arrondi à son extrémité, aussi convexe en dessus qu'en dessous. — Insertion du bord supérieur de l'ouverture à peine tombante et sur une faible longueur. — Sommet subobtus,
lisse, brillant, d'un fauve un peu clair. — Ombilic très large, fortement
ovalisé au dernier tour, laissant voir sur une assez grande largeur au
moins les trois quarts de la longueur totale de la circonférence interne
de l'avant-dernier tour. — Ouverture à bords rapprochés, convergents,
médiocrement échancrée par l'avant-dernier tour, presque exactement
circulaire. — Péristome interrompu, droit, tranchant, épaissi intérieurement par un bourrelet jaunâtre ou rosacé ; bord inférieur subpatulescent;
bord columellaire un peu réfléchi sur l'ombilic.

DIMENSIONS. — Diamètre maximum : 9-10 millim.
Hauteur totale :   4 1/2-5 1/2 millim.

OBSERVATIONS. — L'*Helix Idanica* représente dans le groupe de l'*Helix
Heripensis* la forme la plus largement ombiliquée ; c'est presque une sorte

de passage, à ce seul point de vue, il est vrai, avec les formes du groupe de l'*Helix ericetorum* (1). Dans un autre travail (2), nous avons déjà constaté qu'une telle forme ne présentait que va res diations purement individuelles.

Nous croyons devoir rapporter à cette même espèce un individu de grande taille, mesurant 13 millimètres de diamètre, ayant tous les caractères du type, quoique avec une spire un peu moins conique, mais qui, jusqu'à présent, est unique. Il y aurait donc pour cette espèce, une var. *major*.

RAPPORTS ET DIFFÉRENCES. — De toutes les formes que nous avons étudiées, c'est l'*Helix Thuillieri*, var. *minor*, qui se rapproche le plus de notre *Helix Idanica ;* cependant celui-ci en diffère notamment: par sa spire un peu plus conoïde ; par sa croissance plus lente, plus régulière, l'accroissement de rapidité ne se faisant sentir qu'à l'extrémité du dernier tour, et sur une moins grande longueur ; par ses tours relativement plus ronds et surtout moins gros, toute proportion gardée ; par sa suture plus profonde ; par l'insertion supérieure du bord de l'ouverture moins tombante ; sur quelques échantillons même, elle est presque rectiligne ; enfin par son ombilic beaucoup plus grand, beaucoup plus évasé, laissant voir, sur une plus grande largeur, une plus grande longueur de la circonférence interne de l'avant-dernier tour.

HABITAT. — Nous avions signalé le type dans les allées du parc du château de l'Aumusse, dans l'Ain, d'où il nous avait été envoyé par notre ami M. de Fréminville. Depuis lors, nous avons reconnu cette forme dans plusieurs autres stations: les alluvions du Rhône au nord de Lyon ; les bords de la Iosne Béchevelin et les fossés des fortifications, à l'est de Lyon ; Privas, dans l'Ardèche ; Romans, dans la Drôme ; Pézènes, dans 'Hérault ; etc. — Var. *major :* les alluvions du Rhône, à Lyon.

(1) *Helix ericetorum*, Müller, 1774. *Verm. terr. fluv. hist.*, II, p. 33.
(2) A. Locard, 1882. *Études variat. malac.*, II, p. 548.

FIN

TABLE DES MATIÈRES

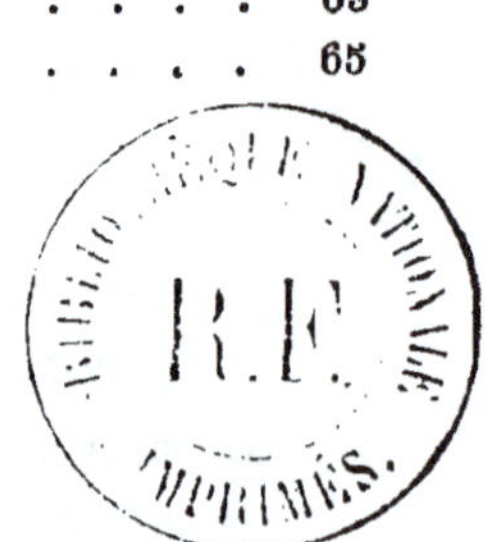

HÉLIX	OMBILIC	GALBE GÉNÉRAL	GALBE DU DESSUS / GALBE DU DESSOUS	NATURE DU TEST	NATURE DES STRIES	NOMBRE DES TOURS	PROFIL DES TOURS	ACCROISSEMENT SPIRAL	PROFIL DU DERNIER TOUR A SA NAISSANCE	GALBE du DERNIER TOUR	PROFIL DU DERNIER TOUR A SON EXTRÉMITÉ	INSERTION DU BORD SUPÉRIEUR DE L'OUVERTURE	ALLURE DE L'OMBILIC	LONGUEUR de l'avant-dernier tour visible dans l'ombilic	FORME de L'OUVERTURE	DIAMÈTRE MAXIMUM	HAUTEUR TOTALE
Tolosana, Bourg.	très étroit	subdéprimé globuleux	légèrement conique / bien convexe	crétacé	assez fines, irrég.	5-51/2	léger. convexe	assez régulier	subang. sur 1/4 (1)	légér. convexe / très convexe	arrondi	lég. tomb. 1/8 (2)	légér. évasé	1/4	arrondie	8-15	4-6
Groboni, Bourg.	—	déprimé globuleux	faibl. convexe tortil. / convexe	subcrétacé	fines, régulières	51/2	à peine conv.	régulier	obtus. subanguleux	un peu convexe / plus convexe	—	rectiligne		1/2	ronde	8-81/2	5-51/2
Xenelica, Servain.	—	un peu déprimé	convexe / convexe	crétacé	fines, assez régul.	51/2-6	assez convexe	irrégulier	arrondi	convexe / convexe	elliptique	fort. tombante 1/8	—	—	suboblongue	10-101/2	5-51/2
Licuranensis, Bourg.	..	—	convexe / plus convexe	..	— —	— —	—	peu régulier	subangul. sur 1/3	convexe / plus convexe	arrondi	presque rectilig.	—	1/3	ronde	7-10	4-51/2
Puali, Bourg.	étroit	déprimé	convexe / convexe	subcrétacé	fines, irrégulières	5-51/2	—	irrégulier	obt. subang. sur 1/5	convexe / plus convexe;	elliptique	peu tombante 1/6	évasé	—	oblongue	10-12	5-51/2
Valcourtiana, Bourg.	—	subdéprimé-subconv.	un peu conique conv. / convexe	crétacé	fines, régulières	— —	un peu conv.	assez régulier	obtus. subanguleux	un peu convexe / plus convexe	arrondi	—	un peu évasé	1/2	arrondie	81/2-10	5-6
Veranyi, Bourg.	—	subdéprimé-conique	un peu conique / convexe	—	très fines, ass. rég.	51/2-6	convexe	—	arrondi	convexe / convexe	—	très tombante 1/4	—	3/4	—	8-11	6-8
Solaciaca, Mab.	..	subdéprimé	subconvexe déprimé / convexe	—	fines, assez rég.	5-6	légér. convexe	irrégulier	subangul. sur 1/2	légér. convexe / plus convexe	—	lég. tombante	légér. évasé	1/2	—	8-14	41/2-61/2
Loroglossicola, Mab.	—	déprimé-convexe	déprimé / bien convexe	—	fines, régulières	51/2-6	assez convexe	—	obtus, subanguleux	assez convexe / bien convexe	—	presque rectilig.	bien évasé	—	ronde	12-14	41/2-5
Gesocribatensis, Bourg.	moyen	conique-globuleux	bien conique / bien convexe	—	fines, assez régul.	5-51/2	bien convexe	régulier	arrondi	bien convexe / plus convexe	—	à peine tombante	un peu évasé	3/4	—	8-11	5-61/2
Lugduniaca, Mab.	—	subdéprimé-convexe	subconique déprimé / un peu convexe	subcrétacé	assez fines, irrég.	4-5	convexe	assez régulier	obt. subang. sur 1/2	convexe / un peu plus conv.	—	lég. tombante 1/8	légér. évasé	1/2	subarrondie	5-7	3-4
Phylora, Bourg.	—	subglobuleux-déprimé	convexe-subconique / bien convexe	—	assez fortes, irrég.	5-51/2	bien convexe	régulier	arrondi	convexe / convexe	—	assez tombante 1/8	—	2/3	ronde	8-9]	41/2-51/2
Thuillieri, Bourg.	—	subconique-convexe	subconique / convexe	crétacé	fines, régulières	51/2-6	—	—	bien arrondi	convexe / convexe	—	bien tombante 1/5	un peu évasé	2/3	—	10-12	6-7
Nemophila, Bourg.	—	subdéprimé-globuleux	convexe / convexe	—	assez fortes, irrég.	51/2	—	—	arrondi	convexe / plus convexe	—	bien tombante 1/4	légér. évasé	1/2	—	9-10	51/2-53/4
Heripensis, Mab.	—	subdéprimé	un peu déprimé / convexe	—	fines, assez rég.	51/2-6	convexe	presque régul.	—	convexe / convexe	—	lég. tombante 1/6	assez évasé	—	arrondie	8-15	51/2-7
Mulda, Bourg.	—	—	subconique déprimé / assez convexe	subcrétacé	assez fortes, irrég.	5-51/2	assez convexe	assez régulier	subanguleux	assez convexe / plus convexe	—	assez tombante 1/8	très évasé	—	ronde	71/2-10	41/2-5
Pouzouensis, Fagot.	—	déprimé-globuleux	subconvexe / bien convexe	crétacé	ass. fort., a. irrég.	51/2	léger. convexe	régulier	subangul. sur 1/3	convexe / bien convexe	—	à peine tomb. 1/10	légér. évasé	—	—	71/2-8,	33/4-4
Coutagnei, Bourg.	—	déprimé	subconvexe / convexe	subcrétacé	fines, régulières	—	—	peu régulier	obtus. subanguleux	légér. convexe / bien convexe	—	presque rectilig.	assez évasé	—	—	10-13	41/2-51/2
Acentremphala, Bourg.	—	—	presque plan / subconvexe	crétacé	très fines, régul.	5-7	peu convexe	assez régulier	subangul. sur 1/5	subconvexe / plus convexe	—	—	très évasé	1	—	11	5
Mauriana, Bourg.	—	très déprimé	presque plan / assez convexe	—	fines, régulières	— —	légér. convexe	peu régulier	obt. subang. sur 1/4	légér. convexe / bien convexe	—	bien tombante 1/5	bien évasé	1,3	arrondie	10	41/2
Gigaxii, de Charp.	large	subdéprimé-globuleux	convexe / moins convexe	—	assez fortes, irrég.	41/2-5	convexe	assez régulier	arrondi	convexe / convexe	—	—	légér. évasé	2,3	ronde	51/2-91/2	31/2-43/4
Lauraguaisiaca, Loc.	—	subdéprimé	subconique déprimé / un peu conique	subcrétacé	fines, régulières	— —	assez convexe	—	anguleux	assez convexe / bien convexe	—	lég. tombante 1/8	—	1/2	arrondie	9	5
Le Mesli, Mab.	—	très déprimé	plan / léger. convexe	crétacé	ass. fines, ass. rég.	5	convexe dépr.	—	anguleux	déprimé / bien convexe	subanguleux	rectiligne	—	3/4	subarrondie	81/2	3
Serupea, Bourg.	—	subdéprimé-conique	subconique / déprimé convexe	—	fines, assez régul.	5-6	bien convexe	peu régulier	obtus. subanguleux	légér. convexe / légér. convexe	un peu déprimé	lég. tombante 1/8	—	1/3	arrondie	91/2-11	51/2-6
Serupellion, P. Fagot.	—	subdéprimé	subconvexe / convexe	subcrétacé	— —	41/2-5	convexe	assez régulier	arrondi	convexe / convexe	arrondi	lég. tombante 1/6	très évasé	3/4	—	7-8	31/2-41/2
Dinlensis, Bamb.	très large	subconique-déprimé	un peu conique déprimé-convexe / convexe	...	très fines, ass. rég.	51/2	—	irrégulier	arrondi	convexe déprimé / convexe	elliptique	très tombante 1/6	très évasé	—	oblongue	10-12	5-51/2
Idanica, Loc.	—	—	un peu subconvexe / convexe	crétacé	ass. fines, ass. rég.	51/2-6	bien convexe	assez régulier	..	convexe / convexe	arrondi	à peine tombante	bien évasé	—	ronde	9-10	41/2-51/2

(1) Lisez : Profil du dernier tour subanguleux à sa naissance, sur 1/4 de la longueur totale de la circonférence externe.

(2) — Insertion du bord supérieur de l'ouverture légèrement tombante sur 1/8 de la longueur totale de la circonférence interne du dernier tour.

Extrait des *Annales de la Société Linnéenne de Lyon*
tome XXX, année 1883